全国高职高专规划教材·数学系列

五年制高职数学(第2册)

(第二版)

主　编　吕保献
副主编　李海洋　余小飞

内 容 简 介

本教材是“全国高职高专规划教材·数学系列”之一，是按照高等职业技术学校的培养目标编写的。在内容编排上，删去了一些烦琐的推理和证明，相比传统数学教材增加了一些实际应用的内容，力求把数学内容讲得简单易懂，使学生养成数学的思想方法和思维习惯。本教材具有简明、实用、通俗易懂、直观性强的特点，适合教师教学和学生自学。

五年制高职数学教材分3册出版。第2册内容包括：立体几何，直线，二次曲线，数列，排列、组合、二项式定理等。

图书在版编目(CIP)数据

五年制高职数学(第2册)/吕保献主编. —2版. —北京：北京大学出版社，2013.2
(全国高职高专规划教材·数学系列)
ISBN 978-7-301-22130-3

Ⅰ.①五…　Ⅱ.①吕…　Ⅲ.①高等数学—高等职业教育—教材　Ⅳ.O13

中国版本图书馆CIP数据核字(2013)第025004号

书　　　名：五年制高职数学(第2册)(第二版)
著作责任者：吕保献　主编
策 划 编 辑：胡伟晔
责 任 编 辑：胡伟晔
标 准 书 号：ISBN 978-7-301-22130-3/O·0914
出　版　者：北京大学出版社
地　　　址：北京市海淀区成府路205号　100871
电　　　话：邮购部62752015　发行部62750672　编辑部62765126　出版部62754962
网　　　址：http://www.pup.cn　　新浪官方微博：@北京大学出版社
电 子 信 箱：zyjy@pup.cn
印　刷　者：北京富生印刷厂
发　行　者：北京大学出版社
经　销　者：新华书店
787毫米×1092毫米　16开本　9.75印张　247千字
2005年6月第1版
2013年1月第2版　2019年8月第7次印刷　总第13次印刷
定　　　价：19.00元

前　言

为适应我国高等职业技术教育的蓬勃发展，加速教材建设步伐，我们受北京大学出版社的委托，根据教育部有关文件精神，考虑到高等职业技术院校基础课的教学，应以应用为目的，以“必需、够用”为度，并参照《五年制高职数学课程教学基本要求》，组织高等职业技术院校长期从事高职数学教学的资深教师编写本套教材。本系列教材可供招收初中毕业生的五年制高职院校的学生使用。

本系列数学教材是五年制高等职业技术教育规划教材之一，它是在2005年第一版的基础上按照高等职业技术学校的培养目标编写的，以降低理论、加强应用、注重基础、强化能力、适当更新、稳定体系为指导思想。在内容编排上，注重理论联系实际，注意由浅入深，由易到难，由具体到抽象，循序渐进，并兼顾体系，加强素质教育和能力方面的培养。删去了一些烦琐的推理和证明，相比传统数学教材增加了一些实际应用的内容，力求把数学内容讲得简单易懂，使学生养成数学的思想方法和思维习惯。本教材具有简明、实用、通俗易懂、直观性强的特点，适合教师教学和学生自学。

全系列教材分三册出版。第1册内容包括：集合与不等式，函数，幂函数，指数函数与对数函数，任意角的三角函数，加法定理及其推论，正弦型曲线，复数等。第2册内容包括：立体几何，直线，二次曲线，数列，排列、组合、二项式定理等。第3册内容包括：函数，极限与连续，导数与微分，导数的应用，不定积分，定积分及其应用，常微分方程，无穷级数，线性代数初步，拉普拉斯变换，概率与数理统计初步等。本系列教材有一定的弹性，编入了一些选学内容，书中带“*”号的部分为选学内容。书中每节后面配有一定数量的习题。每章后面的复习题分主、客观题两类，供复习巩固本章内容和习题课选用。书末附有习题答案供参考。

本教材由吕保献担任主编，由李海洋、余小飞担任副主编，吕保献负责最后统稿。其中第1章、第2章由余小飞编写，第3章由吕保献编写，第4章、第5章由李海洋编写。

由于编者水平有限，书中不当之处在所难免，恳请教师和读者批评指正，以便进一步修改完善。

编　者

2012年5月

目　　录

第一章　立体几何

在初中的平面几何内容里，我们学习了一些平面图形（如三角形、平行四边形、圆等）的画法、性质以及一些相关的计算.但是在日常工作、生产实际和科学实验中，还常常会接触到空间图形或几何体，立体几何即是在初中平面几何学习的基础上开设的，以空间图形为研究对象的几何学分支.本章主要学习空间图形的画法、性质和有关运算知识.

第一节　平面及其性质

一、平面及其表示法

我们常见的桌面、黑板面、广场的地面、平静的水面等，都呈现出平面的形象.而几何里所说的平面是没有厚度的，它广阔无边，向四周无限延展.当我们以适当的角度和距离去观察桌面、黑板面、地板时，觉得它们很像平行四边形.由于平面的广阔性，在画平面时也只能用平面的一部分来代表平面.因此，通常用平行四边形来表示平面，并记作希腊字母 α、β、γ 等，写在表示平面的平行四边形的一个顶角的内部；也可用表示平行四边形顶点的 4 个字母或对角的两个字母来表示.如图 1-1 中的平面记作平面 α、平面 β 或平面 $ABCD$、平面 AC 等.

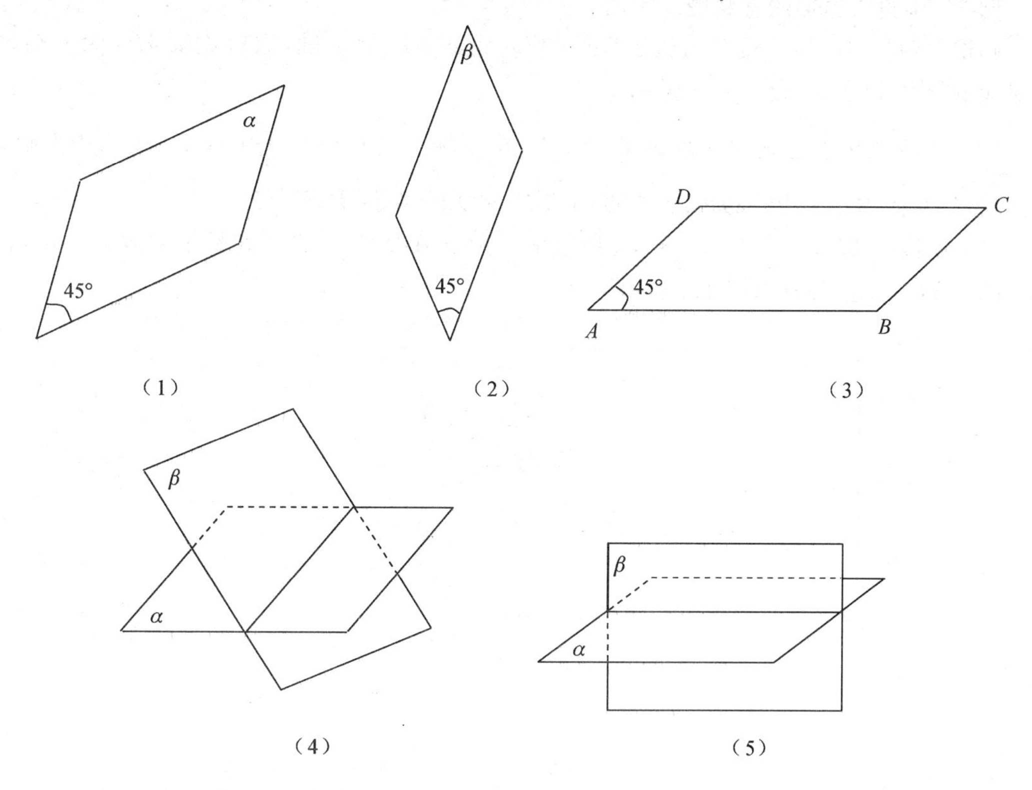

图　1-1

画一个水平放置的平面时，通常把平行四边形的锐角画成45°，把横边的长度画成大约等于邻边长度的两倍，如图1-1(3)所示.

画一个直立的平面时，可以把平面画成矩形或平行四边形，使它的竖边与水平平面的横边相垂直，如图1-1(5)所示.

如果一个平面的一部分被另一部分平面遮住，应把被遮住的部分画成虚线或不画，如图1-1(4)、(5)所示.

二、水平放置的平面图形的画法

把空间图形画在纸上，就是用一个平面图形表示空间图形. 这样的平面图形不是空间图形的真实形状，而是它的直观图.

要画空间图形的直观图，首先应学会画水平放置的平面图形的直观图. **斜二测**画法是国家统一规定的画直观图的一种方法. 平面图形**斜二测**画法的规则如下：

(1) 在已知图形所在的平面中取互相垂直的Ox、Oy轴；

(2) 画直观图时，把它们画成对应的$O'x'$、$O'y'$轴，且使$\angle x'O'y'=45°$；

(3) 在已知图形中平行于Ox轴或Oy轴的线段，在直观图中分别画成平行于$O'x'$轴或$O'y'$轴的线段；

(4) 在已知图形中平行于Ox轴的线段，在直观图中保持原长不变，平行于Oy轴的线段，长度为原长的一半；

(5) 画图完成后，擦去作为辅助线的坐标轴，就得到了空间图形的直观图.

下面举例说明平面图形的直观图的画法.

例1 画正六边形的直观图.

画法 (1) 在已知六边形$ABCDEF$中取对角线AD为x轴，取对称轴HG为y轴，画出对应的x'轴和y'轴，使$\angle x'O'y'=45°$.

(2) 以O'为中点在x'轴上取$A'D'=AD$，在y'轴上取$H'G'=\frac{1}{2}HG$. 以H'为中点画$B'C'\parallel O'x'$，并使$B'C'=BC$；以G'为中点画$E'F'\parallel O'x'$，并使$E'F'=EF$.

(3) 连接$A'B'$、$C'D'$、$D'E'$、$F'A'$. 所得的六边形$A'B'C'D'E'F'$就是水平放置的正六边形$ABCDEF$的直观图(如图1-2所示).

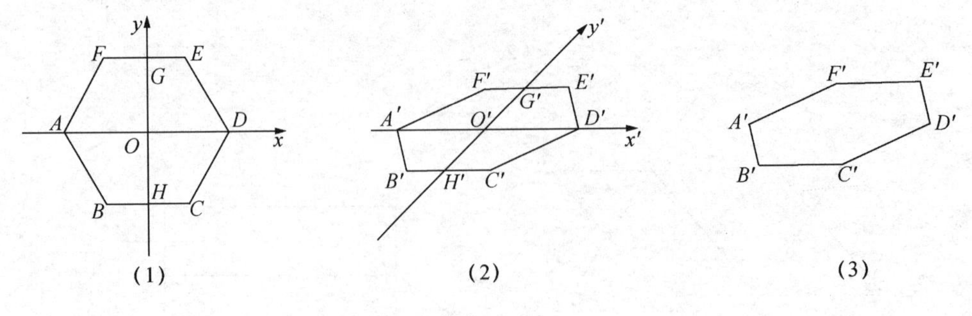

图 1-2

三、点、线、面的集合表示

由于点是构成直线和平面的最基本元素，因此直线和平面都可以看作是点的集合，它们互相间的关系可以用集合之间的关系来表示，规定如下：

点 A 在直线 l 上，记作 $A\in l$；

点 A 不在直线 l 上，记作 $A\notin l$；

点 A 在平面 α 内，记作 $A\in\alpha$；

点 A 不在平面 α 内，记作 $A\notin\alpha$；

直线 l 在平面 α 内，记作 $l\subset\alpha$ 或 $\alpha\supset l$；

直线 l 与平面 α 交于点 N，记作 $l\cap\alpha=N$；

直线 l 与平面 α 没有交点，记作 $l\cap\alpha=\varnothing$；

平面 α 与平面 β 相交于直线 l，记作 $\alpha\cap\beta=l$.

例 2 如图 1-3 所示，$ABCD-A_1B_1C_1D_1$ 为长方体，用集合的符号填空：

(1) 点 A ____ 平面 $ABCD$，点 A ____ 平面 BB_1C_1C；

(2) 直线 AB_1 ____ 平面 AA_1B_1B，直线 AB_1 ____ 平面 $ABCD$；

(3) 点 C_1 = 直线 B_1C_1 ____ 直线 CC_1，直线 BB_1 = 平面 ABB_1A_1 ____ 平面 BCC_1B_1；点 D = 直线 DD_1 ____ 平面 $ABCD$.

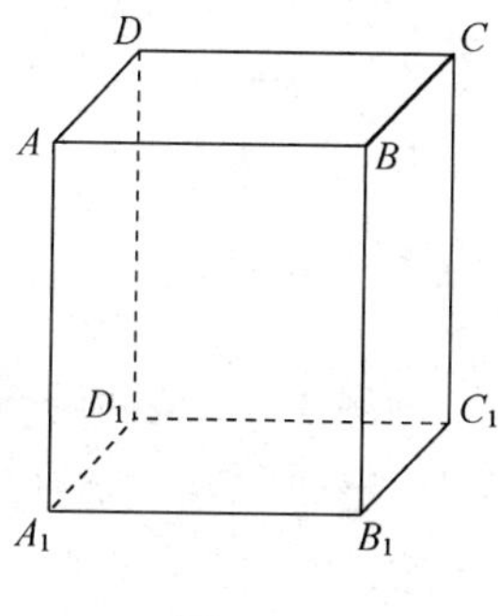

图 1-3

解 观察右图点、线、面的相互关系，不难得到

(1) $\in$，$\notin$；

(2) $\subset$，$\not\subset$；

(3) $\cap$，$\cap$，$\cap$.

四、平面的基本性质

人们在长期的生产实践中总结出了平面的基本性质，我们把它作为三条公理使用，它们是研究空间直线和平面间位置关系的理论基础.

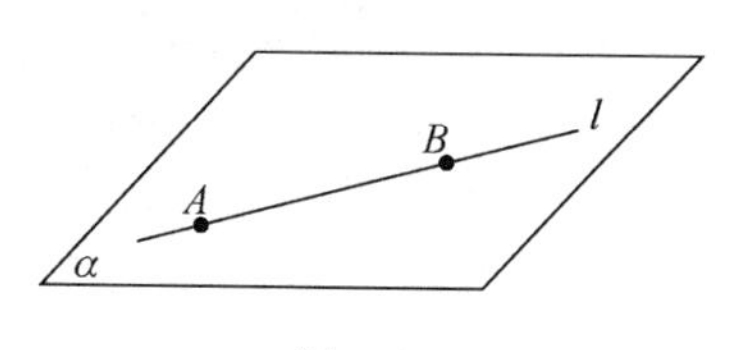

图 1-4

公理 1 如果一条直线上的两点在一个平面内，那么这条直线上的所有点都在该平面内(如图 1-4 所示).

此时，我们说直线 l 在平面 α 内，或平面 α 经过直线 l.

公理 2 如果两个平面有一个公共点，那么它们相交于经过这点的一条直线(如图 1-5 所示).

例如，天花板和墙壁的交线、折纸的折痕等都是两个平面的交线.

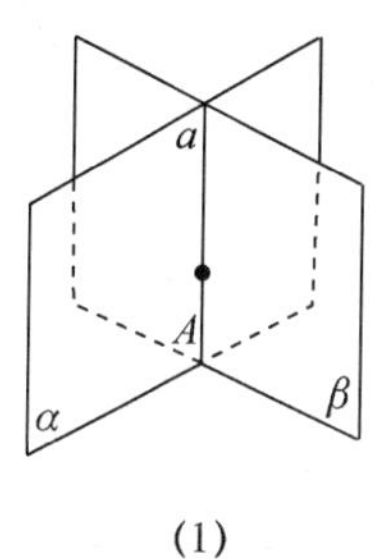

(1)

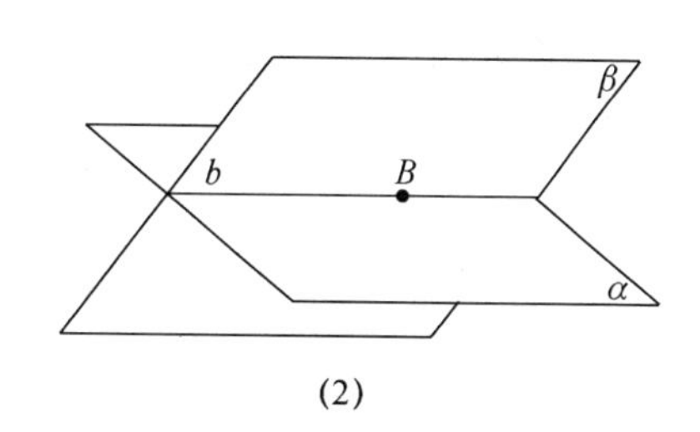

(2)

图 1-5

公理3 经过不在同一直线上的三点可以作一个平面，并且只可以作一个平面（如图1-6所示）.

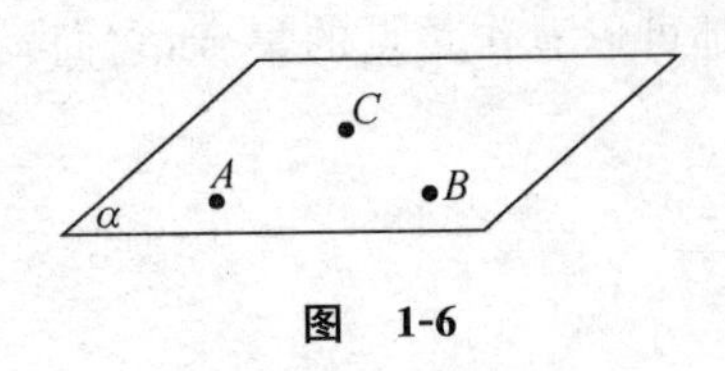

图 1-6

公理3即三点定面，它来自人们长期生活经验的积累.如照相机的三角架、老年人走路时要拄拐杖等.

公理3有以下推论：

推论1 一条直线和这条直线外一点可以确定一个平面（如图1-7(1)所示）.

推论2 两条相交直线可以确定一个平面（如图1-7(2)所示）.

推论3 两条平行直线可以确定一个平面（如图1-7(3)所示）.

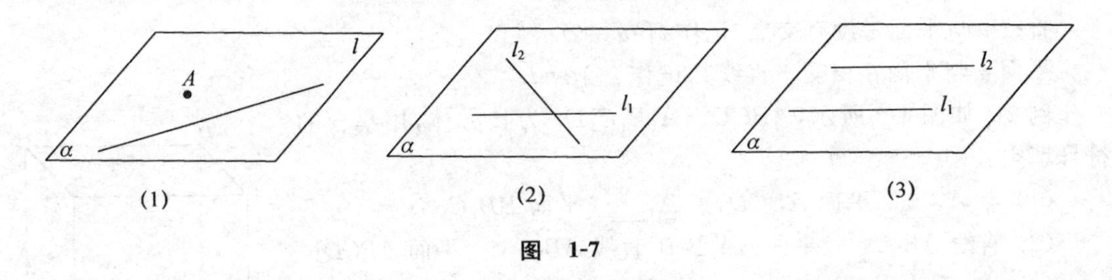

图 1-7

例3 求证两两相交且不过同一点的三条直线必在同一个平面内.

已知 直线 AB、BC、CA 两两相交，其交点分别为 A、B、C（如图1-8所示）.

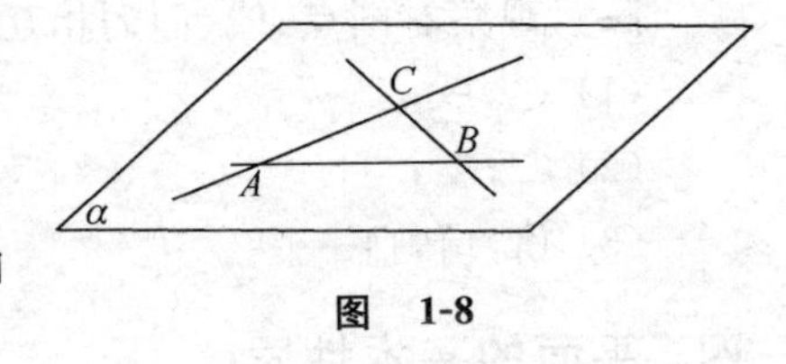

图 1-8

求证 直线 AB、BC、CA 共面.

证明 因为 $AB\cap AC=A$，所以由推论2直线 AB 和 AC 确定一个平面 α.即

$$AB\subset\alpha,\quad AC\subset\alpha,$$

所以

$$B\in\alpha,\quad C\in\alpha,$$

因此由公理1可得

$$BC\subset\alpha.$$

故直线 AB、BC、AC 都在平面 α 内，即直线 AB、BC、AC 共面.

思考：

(1) 不共面的四点可以确定几个平面？

(2) 三条直线两两平行，但不共面，它们可以确定几个平面？

(3) 共点的三条直线可以确定几个平面？

习 题 1-1

1. 在水平平面内作如图1-9所示的各已知平面图形的直观图，并说明作图步骤.

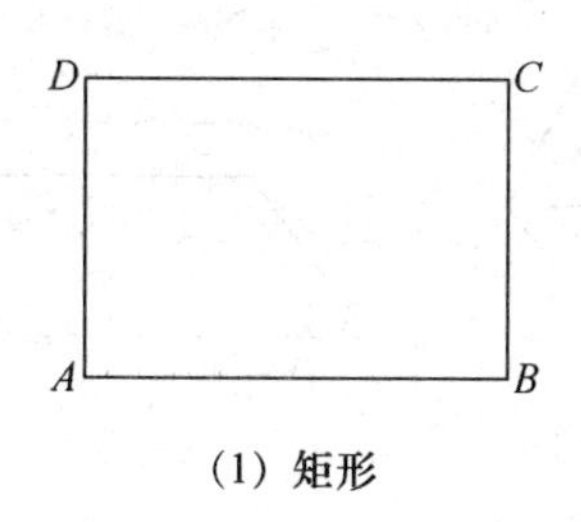

(1) 矩形

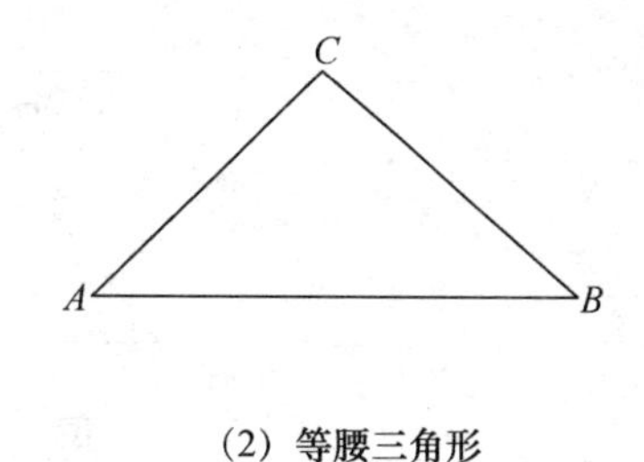

(2) 等腰三角形

图 1-9

2. 回答下面问题：
   (1) 能否说一个平面长 3 m、宽 5 m？为什么？
   (2) 把一张纸对折一下，折痕为什么是一条直线？
   (3) 一条线段在一个平面内，这条线段的延长线是否也一定在这个平面内？
   (4) 任意三点可以确定一个平面的说法对吗？
   (5) 两个平面相交只有一个公共点的说法对吗？
   (6) 一条直线是否可以确定一个平面？
   (7) 三条直线相交于一点，最多能确定几个平面？
   (8) 空间有四点，它们中间的任意三点都不在一条直线上，这样的四点可以确定多少个平面？
   (9) 空间三条直线两两平行，且不在同一平面内，这样的三条直线可以确定几个平面？
   (10) 四条线段依次首尾相接，所得的图形一定是平面图形吗？举例说明.
3. 填空(用集合的符号 $\in$，$\notin$，$=$，$\cap$).
   (1) "A、B、C 是平面 α 内的三点"可以记作__________；
   (2) "直线 AB 经过点 C"可记作________；
   (3) "直线 l 与 m 是平面 α 内的两条相交的直线，它们相交于点 A"可以记作________.
4. 求证：过已知直线外一点与这条直线上的三点分别画三条直线，则这三条直线在同一平面内.

第二节 直线与直线的位置关系

一、两条直线的位置关系

我们知道，在同一平面内的两条不重合直线的位置关系只有相交和平行两种，但是在空间内，两条不重合直线还存在着另外一种位置关系.

如图 1-10 所示的长方体中，线段 A_1B_1 和 BC 不在同一平面内，它们既不平行也不相交，我们把不在同一平面内的两条直线叫做**异面直线**.

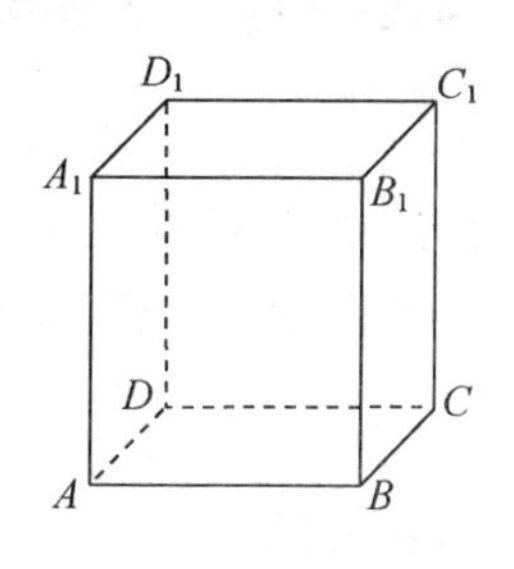

图 1-10

由此可见，空间两条不重合的直线，它们的位置关系有三种：

(1) 平行直线——在同一平面内，没有公共点；

(2) 相交直线——在同一平面内，有且只有一个公共点；

(3) 异面直线——不在同一平面内，没有公共点.

画异面直线时要把异面直线明显地画在不同的平面内，可以画成如图 1-11 那样.

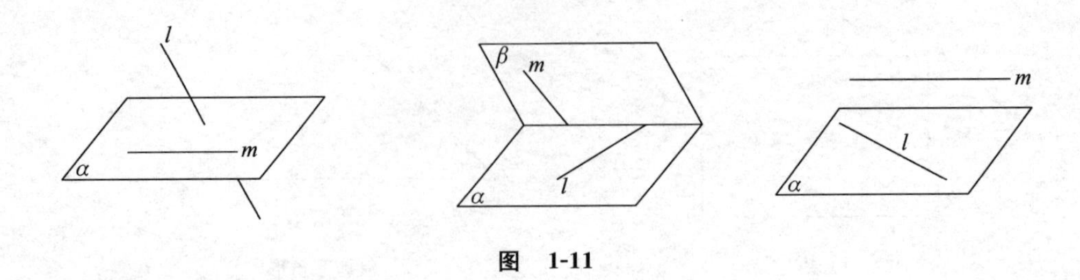

图 1-11

二、空间直线的平行关系

在平面几何里我们已经知道，同一平面内，平行于同一条直线的两条直线相互平行.这一性质对于空间图形也同样成立.

定理1（平行公理） 如果两条直线都平行于第三条直线，那么这两条直线也互相平行.

如图1-12所示，已知$a /\!/ b$，$b /\!/ c$，则$a /\!/ c$.

这个性质是显而易见的.如物理学中所用的三棱分光镜，其三条棱是两两相互平行的.

例1 已知$ABCD$是四个顶点不在同一平面内的空间四边形，$AC=BD$，E、F、G、H分别是AB、BC、CD、DA的中点（如图1-13所示）.连接EF、FG、GH、HE，求证$EFGH$是一个菱形.

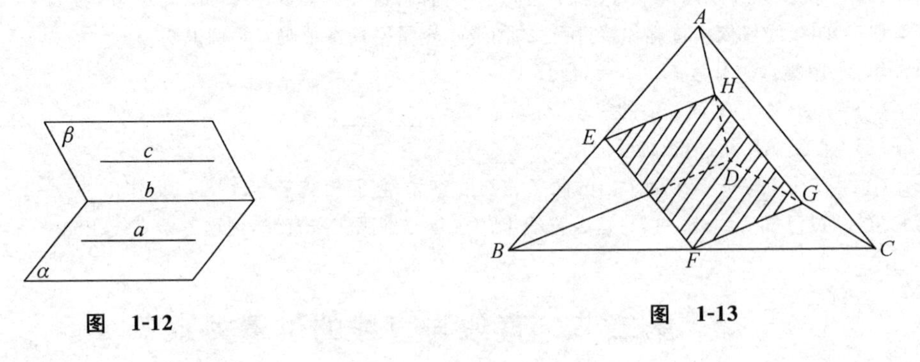

图 1-12

图 1-13

证明 因为EH是$\triangle ABD$的中位线，所以

$$EH \underline{\underline{/\!/}} \frac{1}{2}BD,$$

同理，可得$FG \underline{\underline{/\!/}} \frac{1}{2}BD$，再根据定理1，可知

$$EH \underline{\underline{/\!/}} FG,$$

所以$EFGH$是一个平行四边形.

因为EF是$\triangle ABC$的中位线，所以

$$EF \underline{\underline{/\!/}} \frac{1}{2}AC,$$

根据已知

$$AC=BD,$$

可得

$$EF=EH,$$

即平行四边形 $EFGH$ 的两邻边相等，故 $EFGH$ 为菱形.

在平面几何中，对应边分别平行并且同向的两个角相等，在空间图形中，这一定理也是正确的.

定理 2(等角定理) 如果一个角的两边和另一个角的两边分别平行并且方向相同，那么这两个角相等(如图 1-14 所示).

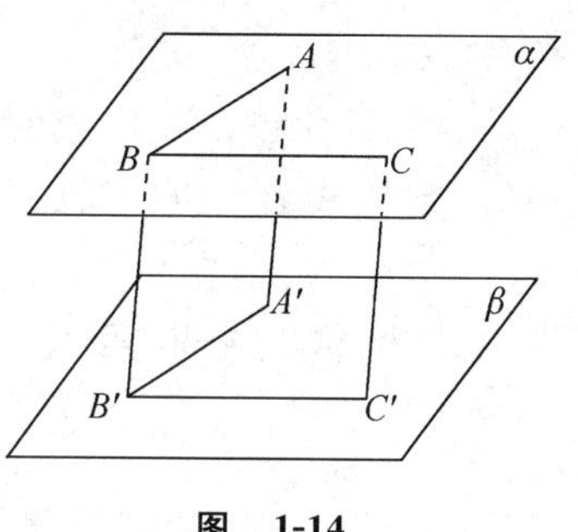

图 1-14

三、两条异面直线所成的角

平面内两条相交直线的位置关系可以用它们的夹角来表示. 而两条异面直线不在同一平面内，它们既不平行也不相交，怎样来确定它们的关系呢？

设直线 a、b 是异面直线，经过空间任一点 O，分别引直线 $a' \parallel a$、$b' \parallel b$，由定理 2 可知两直线所成的锐角(或直角)的大小，只由直线 a、b 的相互位置来确定，与 O 点的选择无关. 直线 a' 和 b' 所成的锐角(或直角)叫做两条异面直线所成的角(如图 1-15(1)所示).

一般地，经过空间任意一点分别作两条异面直线的平行线，这两条相交直线所成的锐角(或直角)，称为这**两条异面直线所成的角**.

如果两条异面直线所成的角是 90°，则称这两条**异面直线相互垂直**. 异面直线 a 与 b 垂直，也记作 $a \perp b$.

显然，若记两条异面直线所成的角为 θ，则 $0 < \theta \leqslant \frac{\pi}{2}$.

点 O 常取在两条异面直线中的一条上. 例如，取点 O 在直线 b 上，然后过点 O 作直线 $a' \parallel a$. 那么 a' 和 b 所成的角 θ 就是异面直线 a、b 所成的角(如图 1-15(2)所示).

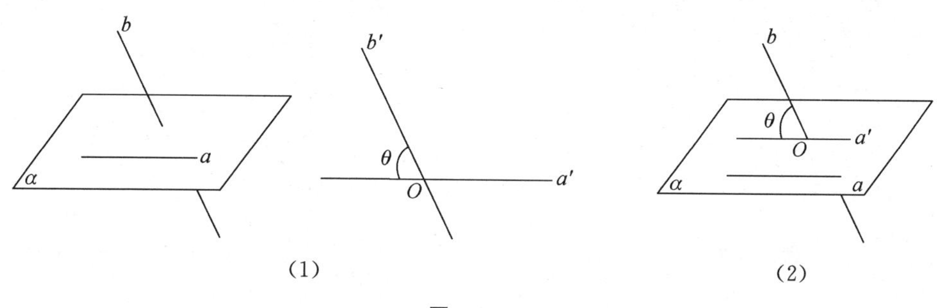

图 1-15

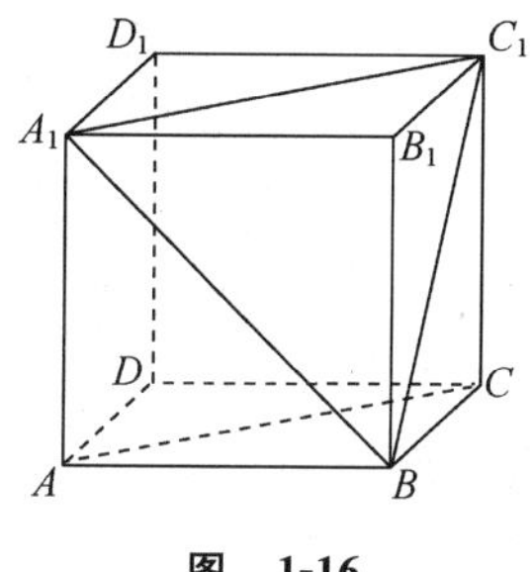

图 1-16

例 2 在如图 1-16 所示的正方体中，求下列各线段所成的角的度数.

(1) AA_1 和 BC_1； (2) AC 和 D_1D； (3) A_1B 和 BC_1.

解 (1) AA_1 和 BC_1 是异面直线. 因为 $AA_1 \parallel BB_1$，所以 AA_1 和 BC_1 所成的角可用 $\angle B_1BC_1$ 度量. 而 $ABCD-A_1B_1C_1D_1$ 为正方体，故

$$\angle B_1BC_1 = 45°,$$

即 AA_1 与 BC_1 成 45°角.

(2) AC 和 D_1D 是异面直线. 因为 $C_1C \parallel D_1D$，所以 AC 和 D_1D 所成的角可用 $\angle C_1CA$ 度量. 显然，$C_1C \perp AC$，即

$$\angle C_1CA=90°,$$

故 AC 与 D_1D 成 90°角.

(3) A_1B 和 BC_1 所成的角为 $\angle A_1BC_1$. 因为 A_1B、BC_1、A_1C_1 均为正方体某一个面的对角线，则有 $A_1B=BC_1=A_1C_1$，即 $\triangle A_1BC_1$ 为等边三角形，故

$$\angle A_1BC_1=60°,$$

即 A_1B 和 BC_1 成 60°角.

习题 1-2

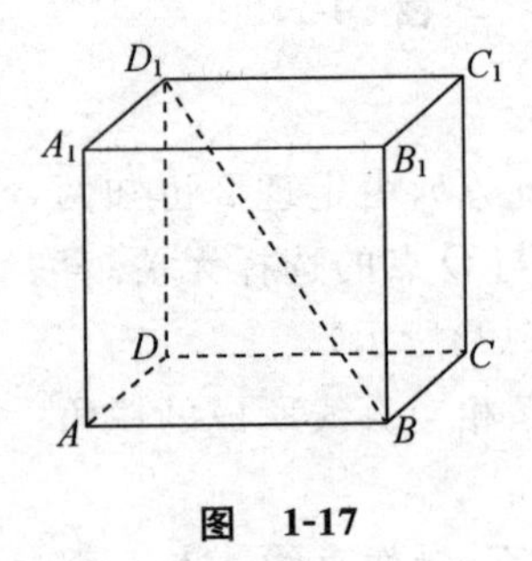

图 1-17

1. 在如图 1-17 所示的正方体中，指出哪些棱与 AA_1 是异面直线，哪些棱与对角线 BD_1 是异面直线？

2. 回答下面的问题.

(1) 分别在两个平面内的两条直线一定是异面直线吗？

(2) 空间两条不相交的直线一定是异面直线吗？

(3) 一条直线和两条异面直线相交，一共可以确定几个平面？

(4) 垂直于同一条直线的许多空间直线，它们是否一定平行？

3. 如图 1-18 所示，在正方体 $ABCD-A_1B_1C_1D_1$ 中，指出下列各对线段的位置关系以及所成角的度数.

(1) AB 与 CC_1；　　(2) AA_1 与 B_1C；　　(3) A_1D 与 AC.

4. 在如图 1-19 所示的长方体中，$AB=BC=3$ cm，$AA_1=4$ cm，求线段 A_1B 与 AD_1 所成的角的度数.

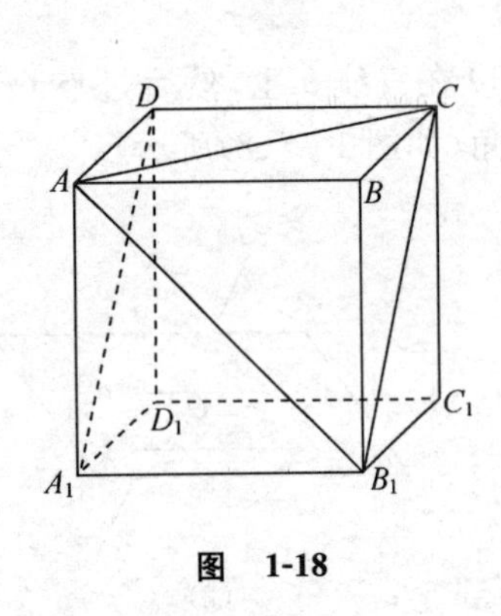

图 1-18

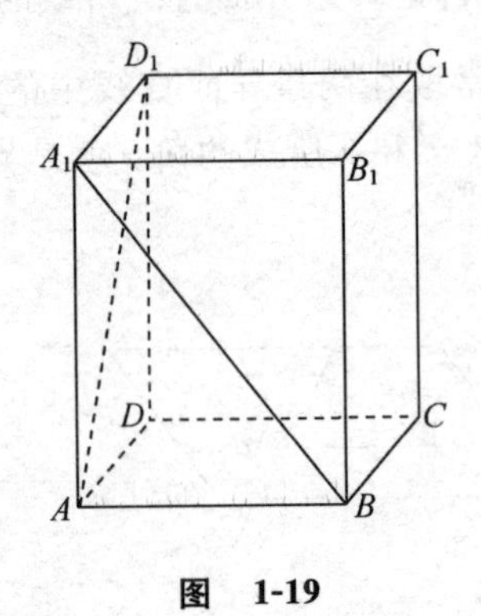

图 1-19

第三节　直线与平面的位置关系

一、直线与平面的位置关系

观察教室的地面和墙面的交线在地面上，两墙面的交线和地面只有一个交点，墙面和天花板的交线与地面没有交点，这些反映出直线和平面之间存在着不同的位置关系.

如果一条直线和一个平面没有公共点，那么称这条**直线和这个平面平行**.

如果一条直线和一个平面只有一个公共点，那么称这条**直线和这个平面相交**.

如果一条直线和一个平面有无数多个公共点，那么称这条**直线在这个平面内**.

由此可见，一条直线和一个平面存在着三种位置关系：

(1) 直线在平面内——有无数个公共点；

(2) 直线和平面平行——没有公共点；

(3) 直线和平面相交——只有一个公共点.

画直线和平面平行时，要把直线画在表示平面的平行四边形之外，并且与平行四边形的一条边或平面内的一条直线平行.

直线 l 和平面 α 平行，记作 $l /\!/ \alpha$.

如图 1-20 所示，直线 l 和直线 a' 都与平面 α 平行.

画直线和平面相交时，要把直线延伸到表示平面的平行四边形的外面(如图 1-21 所示).

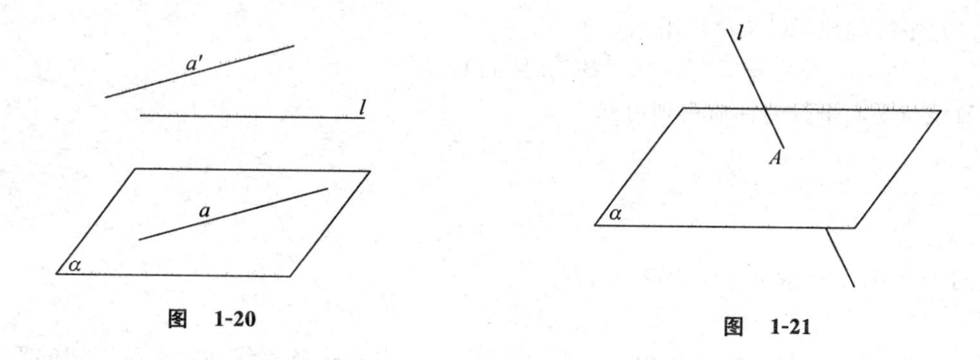

图　1-20　　　图　1-21

二、直线与平面平行

直线与平面平行的判定定理　如果平面外一条直线与这个平面内的一条直线平行，那么这条直线就和这个平面平行(如图 1-22 所示).

直线与平面平行的性质定理　如果一条直线平行于一个已知平面，那么过这条直线的平面与已知平面的交线和这条直线平行(如图 1-23 所示).

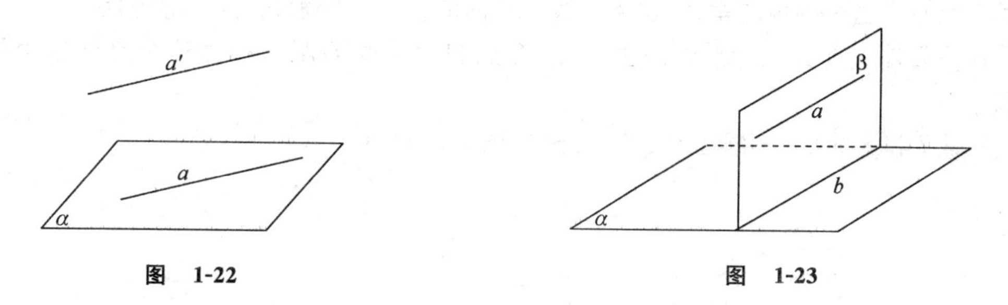

图　1-22　　　图　1-23

例 1　已知空间四边形 $ABCD$，G、H 分别是 AB、AD 的中点，求证 $GH /\!/$ 平面 BCD(如图 1-24 所示).

证明　连接 BD. 在△ABD 中，GH 为中位线，故有 $GH /\!/ BD$.

因为 GH 不在平面 BCD 内，且 $BD \subset$ 平面 BCD. 所以根据直线与平面平行的判定定理，得

$$GH /\!/ \text{平面 } BCD.$$

例 2　已知 $AB /\!/ \alpha$，$AC /\!/ BD$，AC、BD 与 α 分别交于 C、D(如图 1-25 所示)，求证 $AC = BD$.

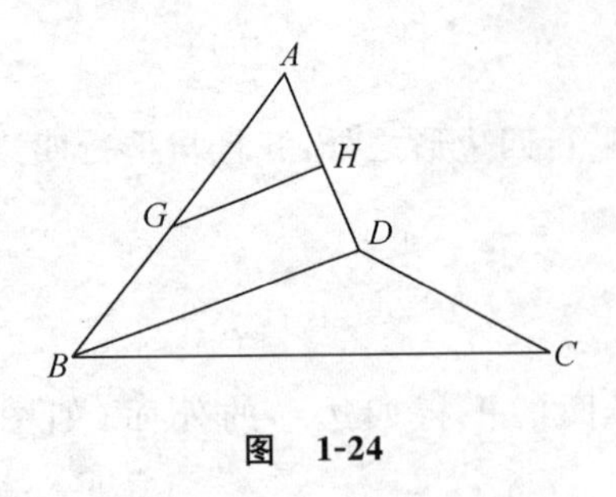

图　1-24

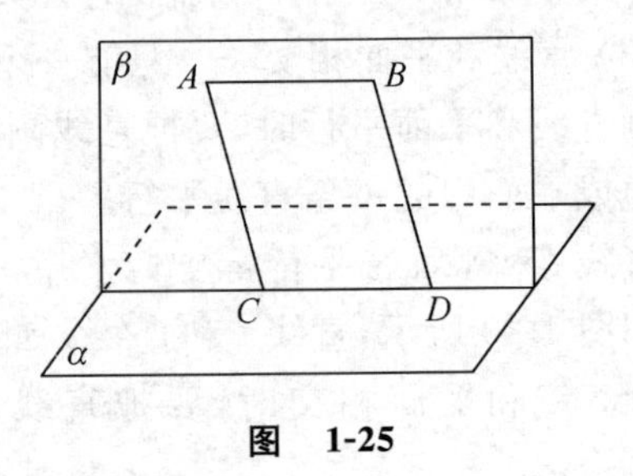

图　1-25

证明　过平行线段 AC、BD 作平面 β，则

$$AB\subset\beta \text{ 且 } \alpha\cap\beta=CD,$$

根据直线与平面平行的性质定理可知

$$AB/\!/CD,$$

又

$$AC/\!/BD,$$

从而四边形 $ACDB$ 是平行四边形. 所以

$$AC=BD.$$

由例2说明：如果一条直线和一个平面平行，那么夹在这条直线和这个平面间的平行线段的长相等.

三、直线与平面垂直

把一本书打开直立在桌面 α 上，设书脊为 AB，各页与书桌面的交线分别为 BC、BD…显然 AB 与这些交线都是垂直的（如图1-26所示）.

如果一条直线与平面内任何一条直线都垂直，那么就称这条**直线和这个平面互相垂直**. 这条直线叫做这个**平面的垂线**，这条直线和平面的交点叫做**垂线足**（简称**垂足**）.

过平面外一点引一个平面的垂线，这个点和垂足间的距离称为这个**点到这个平面的距离**.

直线 l 和平面 α 互相垂直，记作 $l\perp\alpha$（如图1-27所示）.

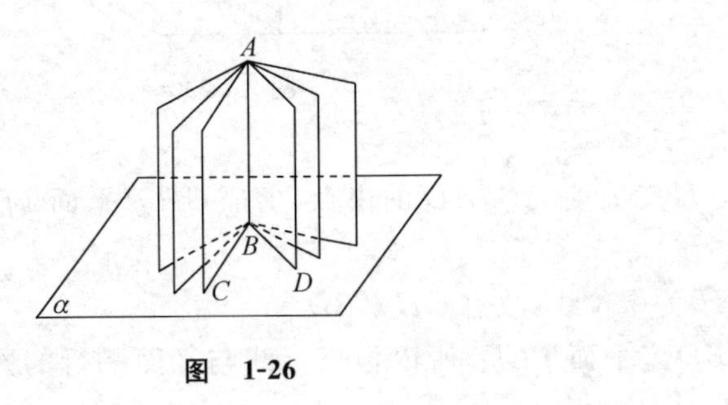

图　1-26

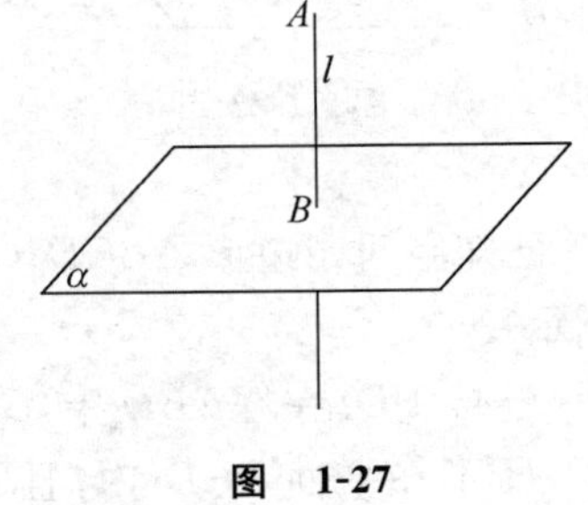

图　1-27

在空间过一点有且只有一条直线和一个平面垂直，过一点有且只有一个平面和一条直线垂直.

直线与平面垂直的判定定理　如果一条直线垂直于平面内的两条相交直线，那么这条直线就垂直于这个平面(如图 1-28 所示).

直线与平面垂直的性质定理 如果两条直线同垂直于一个平面,那么这两条直线互相平行(如图 1-29 所示).

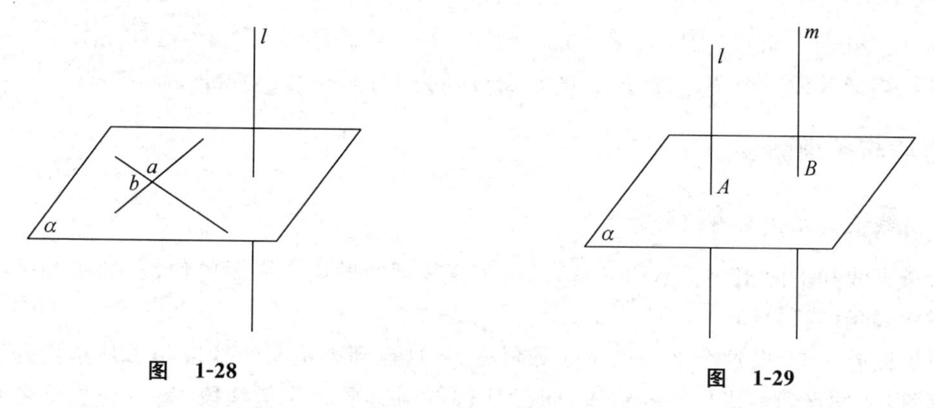

图 1-28　　图 1-29

例 3 在平面 α 内有直角$\triangle ABC$,其中$\angle BAC=90°$,$AB=AC=8$ cm,而 $PA\perp\alpha$,$PB=10$ cm. 求 PA、PC 的长(精确到 0.1 cm).

解 如图 1-30 所示. 由 $PA\perp\alpha$,得

$$PA\perp AB, PA\perp AC.$$

即$\triangle PAB$、$\triangle PAC$ 都是直角三角形. 所以

$$PA=\sqrt{PB^2-AB^2}=\sqrt{10^2-8^2}=6(\text{cm}),$$

$$PC=\sqrt{PA^2+AC^2}=\sqrt{6^2+8^2}=10(\text{cm}).$$

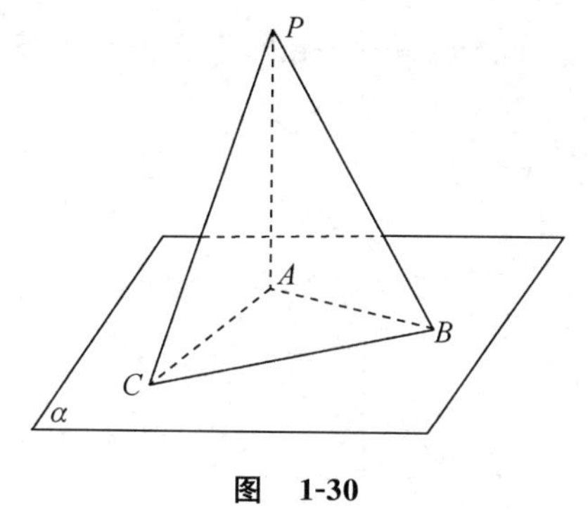

图 1-30

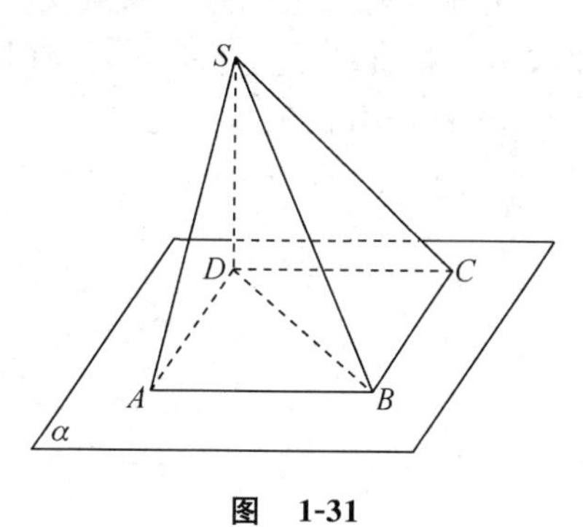

图 1-31

例 4 如图 1-31 所示,直线 SD 垂直于矩形 $ABCD$ 所在的平面 α,$AB=12$ cm,$BC=9$ cm,$SD=8$ cm,求点 S 到矩形其他三个顶点 A、B、C 的距离(精确到 0.1 cm).

解 连接 SA、SB、SC,则 SA、SB、SC 的长就是所求的距离.

因为 $ABCD$ 是矩形,所以

$$CD=AB=12(\text{cm}), AD=BC=9(\text{cm}),$$

因为 $SD\perp\alpha$,矩形 $ABCD\subset\alpha$,则

$$SD\perp CD, SD\perp AD, SD\perp BD,$$

于是在直角$\triangle SDC$ 中,

$$SC=\sqrt{SD^2+CD^2}=\sqrt{8^2+12^2}=4\sqrt{13}\approx 14.4(\text{cm}).$$

同理，在直角$\triangle SDA$中，

$$SA=\sqrt{SD^2+AD^2}=\sqrt{8^2+9^2}=\sqrt{145}\approx 12.0(\text{cm}).$$

在直角$\triangle SDB$中，

$$SB=\sqrt{SD^2+BD^2}=\sqrt{SD^2+AD^2+AB^2}=\sqrt{8^2+9^2+12^2}=17(\text{cm}).$$

即点S到矩形其他三个顶点A、B、C的距离分别为14.4 cm、12.0 cm、17 cm.

四、直线与平面斜交

1. 斜线及其在平面内的射影

一条直线和平面相交但不和它垂直，这条直线就叫做这个**平面的斜线**，斜线和平面的交点叫做**斜线足**(或**斜足**).

过平面外一点，向这个平面引垂线和斜线，从这点到垂足间的线段叫做从这点到这平面的**垂线段**；从这点到斜线足间的线段，叫做从这点到这平面的**斜线段**. 斜足和垂足之间的线段叫做**斜线段在**这个**平面内的射影**.

如图1-32所示，EF为平面α的垂线段，EA、EB、EC都是平面α的斜线段，FA、FB、FC分别是斜线段EA、EB、EC在平面α内的射影.

根据直角三角形的性质，容易看出：

从平面外一点向这个平面所引的垂线段和斜线段中，

(1) 射影相等的两条斜线段的长相等，射影较长的斜线段也较长；

(2) 相等的斜线段的射影相等，较长的斜线段的射影也较长；

(3) 垂线段的长比任何一条斜线段的长都短.

例5 一根直杆垂直于地面，从杆顶向地面紧拉一绳，绳的另一端距杆足4 m，又知绳比杆长2 m. 求杆与绳长.

解 如图1-33所示，AA'为垂直于地面α的直杆，AB为绳长.

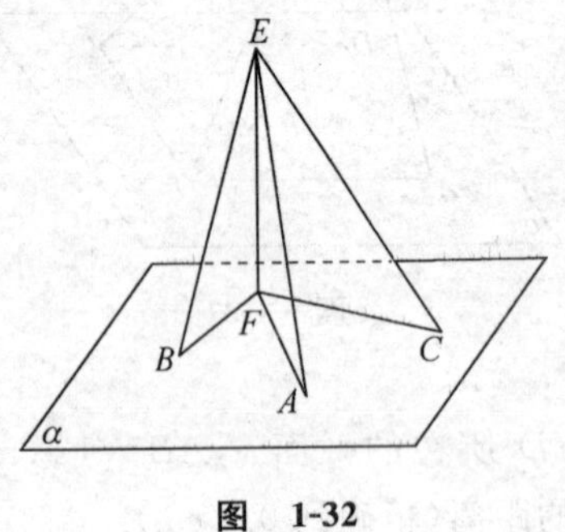

图 1-32

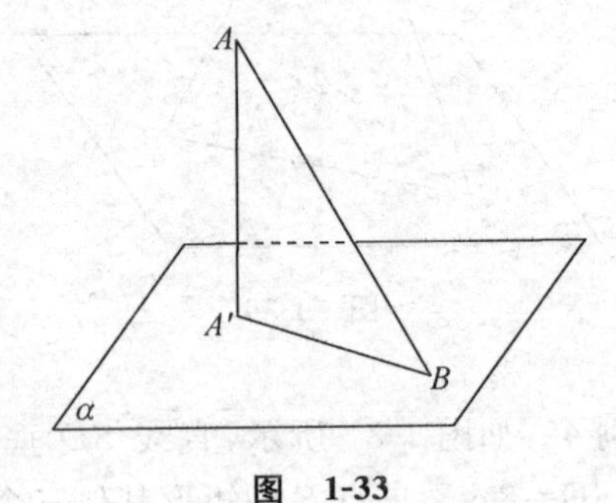

图 1-33

设$AA'=x\text{m}$，则$AB=(x+2)\text{m}$，因为$AA'\perp\alpha$，$A'B\subset\alpha$

所以

$$AA'\perp A'B.$$

在直角$\triangle AA'B$中，有

$$AA'^2+A'B^2=AB^2,$$

即

$$x^2+4^2=(x+2)^2,$$

解之，得

$$x=3, x+2=5.$$

即所求杆长为 3 m，绳长为 5 m.

2. 直线与平面所成的角

例如，发射炮弹时，炮筒和地面形成一定的角度，它表示直线对地面的倾斜程度.

一条斜线和它在平面内射影所成的锐角叫做该**斜线与这个平面所成的角**.

如果一条直线和一个平面垂直，那么就说这条直线和这个平面成的角是直角. 如果一条直线和一个平面平行，那么就说这条直线和这个平面成 0°角. 显然，若记直线与平面所成的角为 θ，则 $0\leqslant\theta\leqslant\frac{\pi}{2}$.

如图 1-34 所示，AB 与平面 α 成 0°角，AA' 与平面 α 成直角，AB' 与平面 α 所成的角为 θ.

例 6　如图 1-35 所示，从平面 α 外的一点 P 到这个平面引垂线 PB 和斜线 PA、PC. 已知 $AB=2\,\text{cm}$，$BC=3\,\text{cm}$，且 $PA:PC=2:\sqrt{5}$. 求：

(1) 点 P 到平面 α 的距离 PB；

(2) 直线 PA、PC 和平面 α 所成的角.

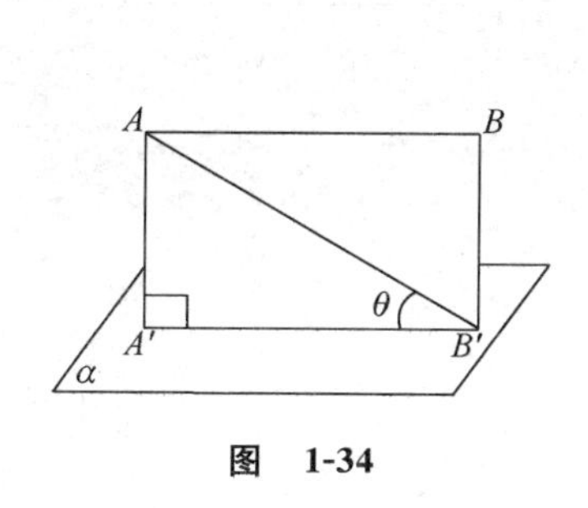

图　1-34

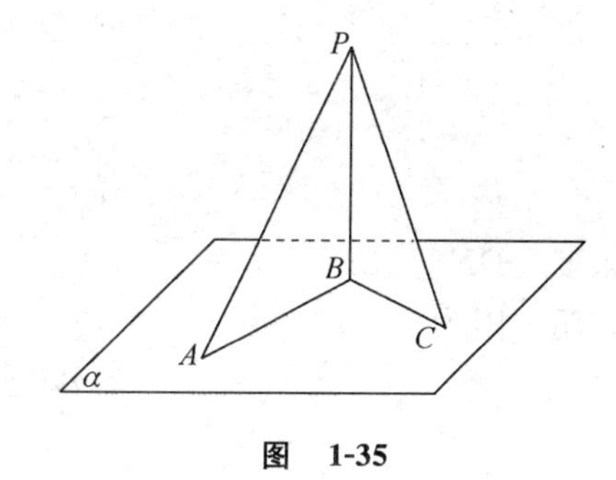

图　1-35

解　(1) 设 PB 的长为 $x\,\text{cm}$，因为

$$PB\perp\alpha, AB\subset\alpha, BC\subset\alpha,$$

所以

$$PB\perp AB, PB\perp BC,$$

于是有

$$PA=\sqrt{PB^2+AB^2}=\sqrt{x^2+2^2},$$

$$PC=\sqrt{PB^2+BC^2}=\sqrt{x^2+3^2},$$

又已知 $PA:PC=2:\sqrt{5}$，则有

$$\frac{\sqrt{x^2+2^2}}{\sqrt{x^2+3^2}}=\frac{2}{\sqrt{5}},$$

解得 $x=\pm4\,\text{cm}$，舍去负值，即

$$PB=4\,\text{cm}.$$

(2) PA、PC 和平面 α 所成的角分别是 $\angle PAB$ 和 $\angle PCB$. 于是

$$\sin\angle PAB=\frac{PB}{PA}=\frac{PB}{\sqrt{PB^2+AB^2}}=\frac{4}{2\sqrt{5}}\approx0.89,$$

$$\sin\angle PCB=\frac{PB}{PC}=\frac{PB}{\sqrt{PB^2+BC^2}}=\frac{4}{5}=0.8,$$

所以

$$\angle PAB=63°42',\quad \angle PCB=53°18'.$$

五、三垂线定理及其逆定理

三垂线定理 平面内的一条直线，如果和该平面的一条斜线在这个平面内的射影垂直，那么它也和这条斜线垂直.

已知 $DE\subset\alpha$，AB 和 AC 分别是平面 α 的垂线和斜线，BC 是 AC 在平面 α 内的射影，$DE\perp BC$（如图 1-36 所示）.

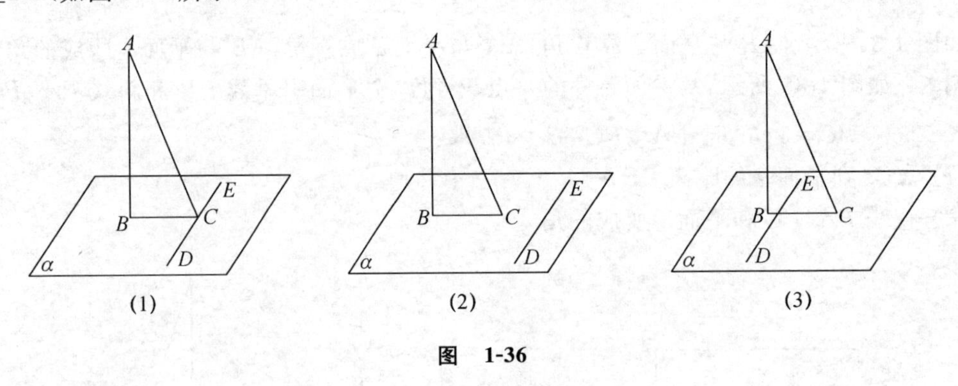

图 1-36

求证 $DE\perp AC$.

证明 因为

$$AB\perp\alpha,\quad DE\subset\alpha,$$

所以

$$AB\perp DE.$$

又由 $DE\perp BC$，得

$$DE\perp 平面\ ABC,$$

于是

$$DE\perp AC.$$

这个定理叫做**三垂线定理**，因为它用到了三条垂线，如果 $AB\perp\alpha$，DE 是 BC 的垂线，那么 DE 是 AC 的垂线.

三垂线定理的逆定理 平面内的一条直线，如果和这个平面的一条斜线垂直，那么它也和这条斜线的射影垂直（请读者自己证明）.

例 7 如图 1-37 所示，已知等腰三角形 ABC 的腰 $AB=AC=13$ cm，底边 $BC=10$ cm，自顶点 A 作三角形 ABC 所在的平面 α 的垂线 AD，$AD=16$ cm，求点 D 到 BC 的距离.

解 取等腰$\triangle ABC$ 底边 BC 的中点 E，连接 AE、DE，由三垂线定理可知

$$DE\perp BC,$$

则 DE 的长即为所求点 D 到 BC 的距离.

在直角$\triangle AEB$ 中，由 $AB=13$ cm，$BE=\frac{1}{2}BC=5$ cm，得

$$AE=\sqrt{AB^2-BE^2}=\sqrt{13^2-5^2}=12(\text{cm}),$$

在直角$\triangle EAD$中，

$$DE=\sqrt{AD^2+AE^2}=\sqrt{16^2+12^2}=\sqrt{256+144}=20(\text{cm}).$$

即点D到BC的距离为20 cm.

例8　如图1-38所示，一个等腰三角形ABC的底边BC在平面α内，它的腰在平面α内的射影为8 cm，顶点A到平面α的距离为12 cm，底边长BC为8 cm，求$\triangle ABC$的面积.

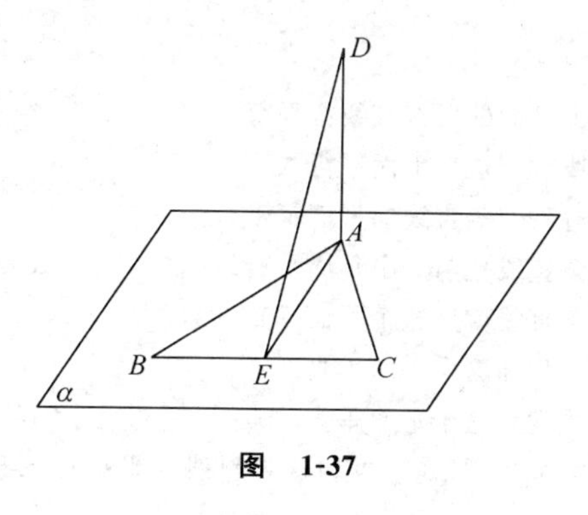

图　1-37

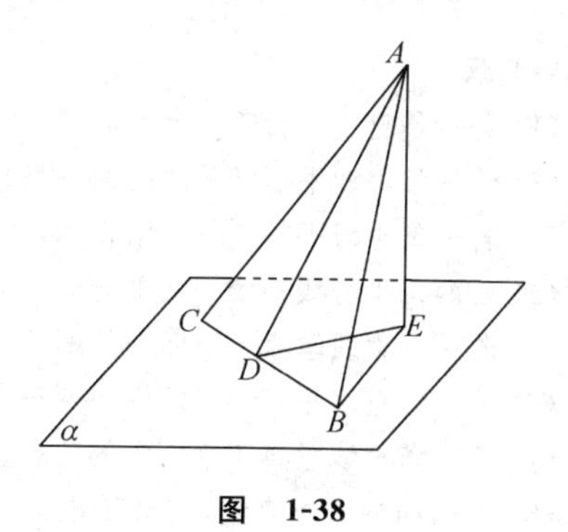

图　1-38

解　设顶点A在平面α内的射影为E，AD是$\triangle ABC$的高，连接AE、BE、DE，则$AE=12$ cm，$BE=8$ cm，$BC=8$ cm. 因为

$$AE\perp\alpha,\quad BC\subset\alpha,\quad AD\perp BC,$$

所以

$$DE\perp BC.$$

由$\triangle AED$和$\triangle EDB$都是直角三角形，且

$$BD=DC=\frac{1}{2}BC=4(\text{cm}),$$

于是

$$DE^2=BE^2-BD^2=8^2-4^2=48,$$

$$AD=\sqrt{DE^2+AE^2}=\sqrt{48+12^2}=8\sqrt{3}(\text{cm}).$$

所以

$$S_{\triangle ABC}=\frac{1}{2}AD\times BC=\frac{1}{2}\times 8\sqrt{3}\times 8=32\sqrt{3}(\text{cm}^2).$$

例9　如图1-39所示，一山坡的倾斜角是60°，山高900 m，山坡上有一条和山坡底线成45°的山路，如果沿这条山路走到山顶，那么要走多远的路程(精确到1 m)?

解　如图1-39所示，DF是山顶到地面的垂线，D为垂足，作$CD\perp AB$(AB为山坡底线). 由三垂线定理，知

$$CF\perp AB,$$

在直角$\triangle CDF$中，因为

$$DF=CF\cdot\sin 60°,$$

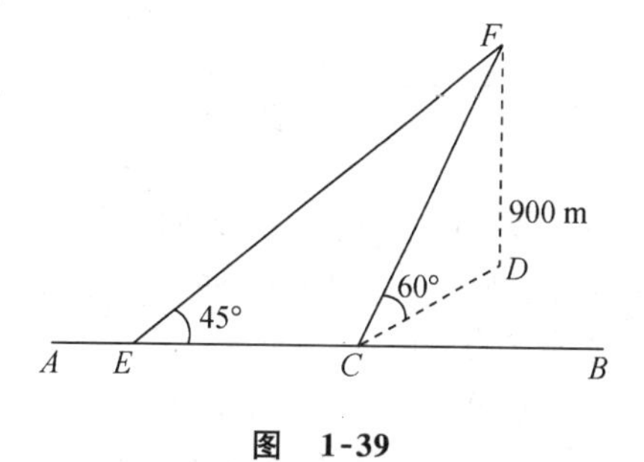

图　1-39

所以

$$CF=\frac{DF}{\sin 60°}=\frac{900}{\sin 60°},$$

在直角$\triangle CEF$中

$$EF=\frac{CF}{\sin 45^\circ}=\frac{900}{\sin 45^\circ \sin 60^\circ}\approx 1470(\text{m}).$$

所以，要沿该条山路蹬上900 m的山峰，要走约1470 m的路程.

习 题 1-3

1. 判断题：

(1) 若一条直线平行于一个平面，则这条直线就和这个平面的所有直线都平行. （ ）

(2) 若一条直线平行于平面内的一条直线，则这条直线就和这个平面平行. （ ）

(3) 若一条直线平行于另一条直线，则这条直线就和过另一条直线的平面都平行. （ ）

(4) 若两条平行线中的一条平行于一个平面，则另一条直线也与这个平面平行. （ ）

(5) 若一条直线垂直于平面内的两条相交直线，则这条直线就和这个平面垂直. （ ）

(6) 若一条直线垂直于平面内的两条直线，则这条直线就和这个平面垂直. （ ）

(7) 若一条直线垂直于平面内的一条直线，则这条直线就和这个平面垂直. （ ）

(8) 平面内的一条直线，如果和这个平面的一条斜线垂直，那么它也和这条斜线在平面内的射影垂直. （ ）

2. 填空题：

(1) 如图1-40所示，长方体的六个面都是矩形，那么

① 与直线AA_1平行的平面是______；

② 与直线AA_1垂直的平面是______.

(2) 一条直线和一个平面所成的角为α，那么α的范围是______.

(3) 一条直线和一个平面所成的角为90°，那么这条直线和这个平面的位置关系是______.

(4) 一条直线和一个平面的位置关系有______种，它们分别是______，______，______.

3. 如图1-41所示，在$\triangle BCD$所在平面α内有一点E，$BE=7$ cm，A为平面α外的一点，$AB\perp BC$，$AB\perp BD$，且$AB=5$ cm. 求：

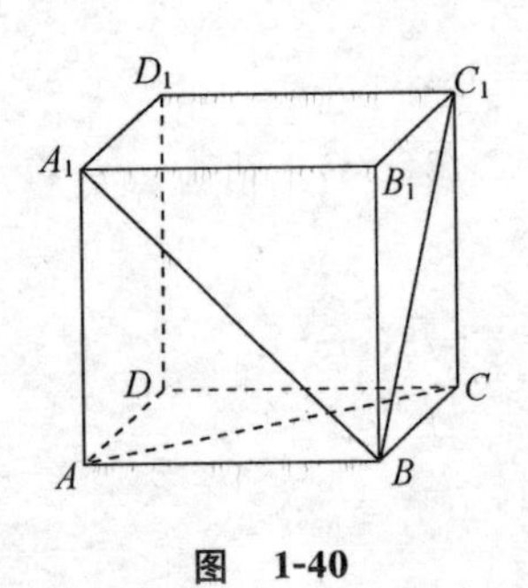

图 1-40

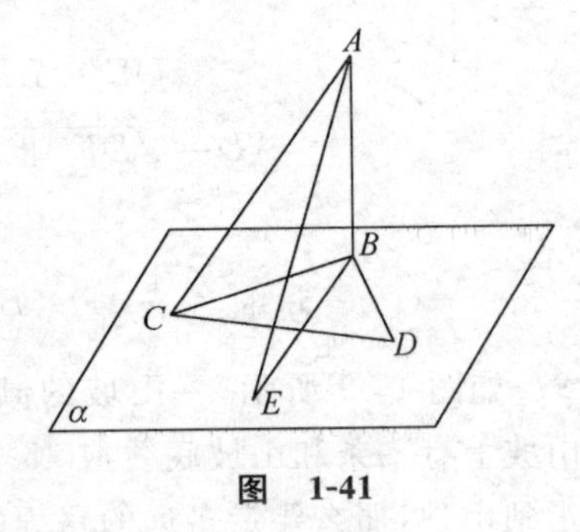

图 1-41

(1) CD和AB所成的角； (2) AE的长（精确到0.1 cm).

4. 如图1-42所示，已知$AS\perp AB$，$AS\perp AD$，四边形$ABCD$是矩形，$AB=9$ cm，$AD=12$ cm，$SC=25$ cm，求点S到平面AC的距离.

5. 如图1-43所示，直角三角形ACB在平面α内，D是斜边AB的中点，$AC=6$ cm，$BC=8$ cm，$ED\perp\alpha$，$ED=12$ cm. 求线段EA、EB和EC的长.

6. 8 m高的旗杆DA直立在地面上，绳子DB、DC分别和杆身成30°和45°的角，A、B、C都在地面上，求线段DB、DC的长及DB、DC在地面上的射影BA、CA的长（精确到0.1 m).

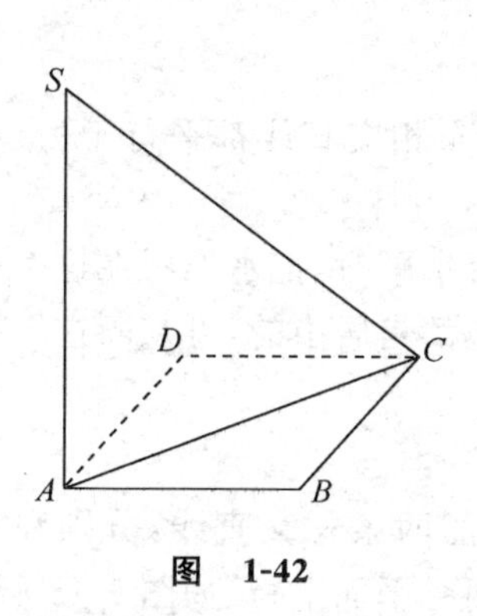

图 1-42

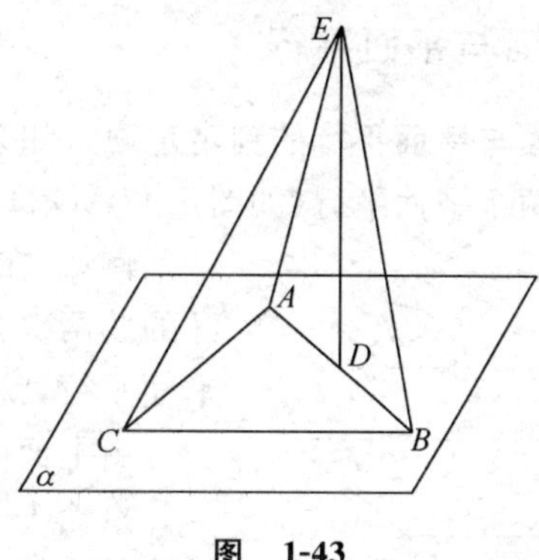

图 1-43

7. 一个等边三角形的边长为 $3a$，从它所在的平面外一点到它的 3 个顶点的距离都是等于 $2a$，求这点到这个平面的距离.

8. 平面 α 内有一个正六边形 $ABCDEF$，它的中心是 O，每边的长是 2 cm. OP 垂直于平面 α，并且 OP 的长是 1 cm. 求：

(1) 点 P 到正六边形的各个顶点和各边的距离；

(2) 直线 PA 与平面 α 所成的角.

9. 一个顶角为 120° 的等腰三角形，腰长为 24 cm，自顶点引三角形所在的平面的垂线，其长为 12 cm，求垂线的两个端点到三角形底边的距离.

第四节　平面和平面的位置关系

一、两个平面的位置关系

观察图 1-44 中六角螺母的各个面，相邻的两个侧面相交，如侧面 AB' 和侧面 BC' 相交于直线 BB'，而上底面 $A'D'$ 和下底面 AD 没有公共点.

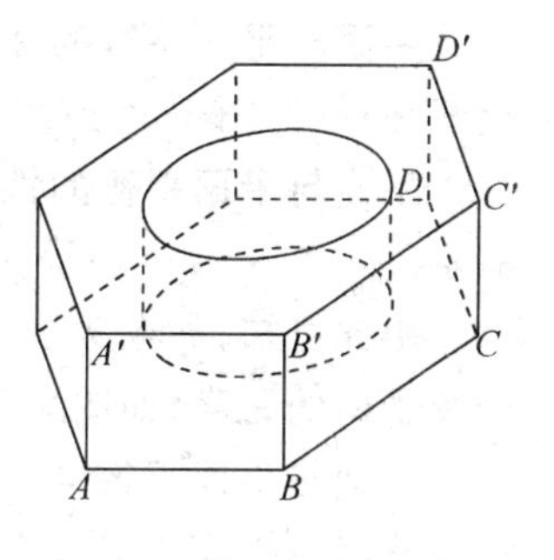

图 1-44

如果两个平面没有公共点，那么称这**两个平面互相平行**.

空间两个不重合的平面，它们的位置关系有两种：

(1) 两个平面平行——没有公共点(如图 1-45 所示).

(2) 两个平面相交——有一条公共直线(如图 1-46 所示).

画两个相互平行的平面时，要注意使表示平面的两个平行四边形的对应边相平行，如图 1-45 所示，平面 α 和平面 β 平行，记作 $\alpha /\!/ \beta$.

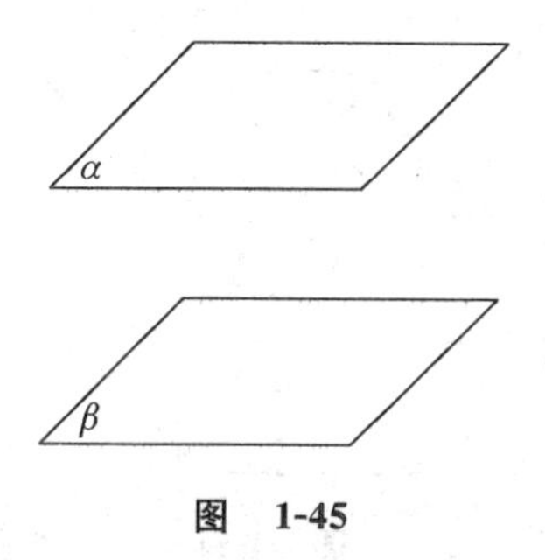

图 1-45

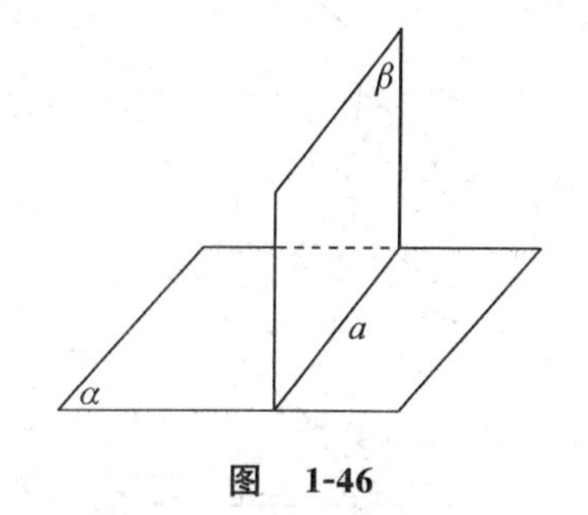

图 1-46

二、平面与平面平行

平面与平面平行的判定定理　如果一个平面内有两条相交直线都平行于另一个平面，那么这两个平面平行(如图1-47所示).

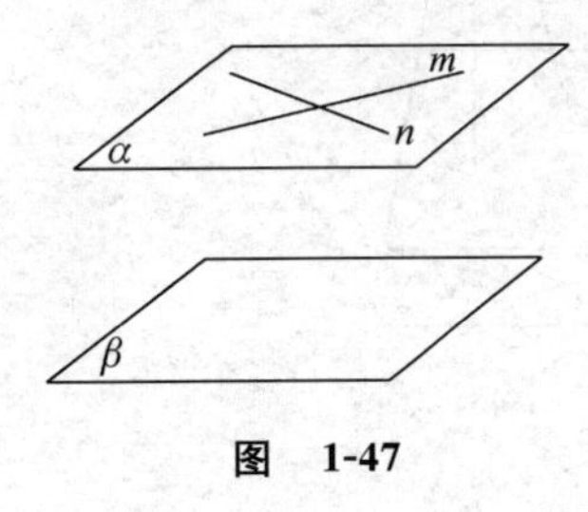

图　1-47

例如，在判断一个平面是否水平时，把水准器在这个平面内交叉的放两次，如果水准器的气泡都是居中的，可判断这个平面和水平面平行，就是利用这个定理.

由上面的定理可得以下推论：

推论1　如果一个平面内的两条相交直线，分别和另一个平面内的两条直线平行，那么这两个平面平行(如图1-48所示).

推论2　垂直于同一条直线的两个平面互相平行(如图1-49所示).

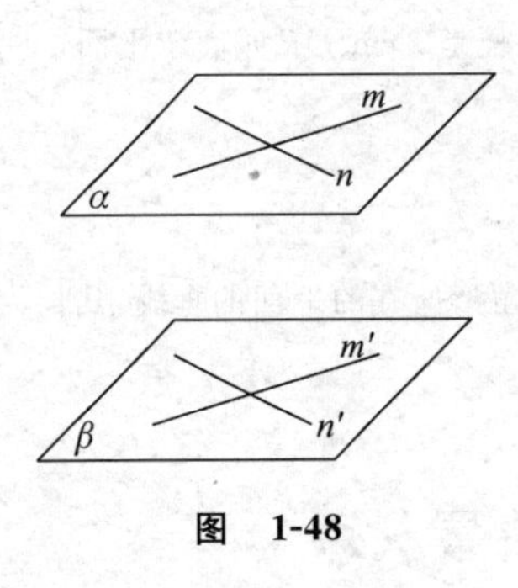

图　1-48

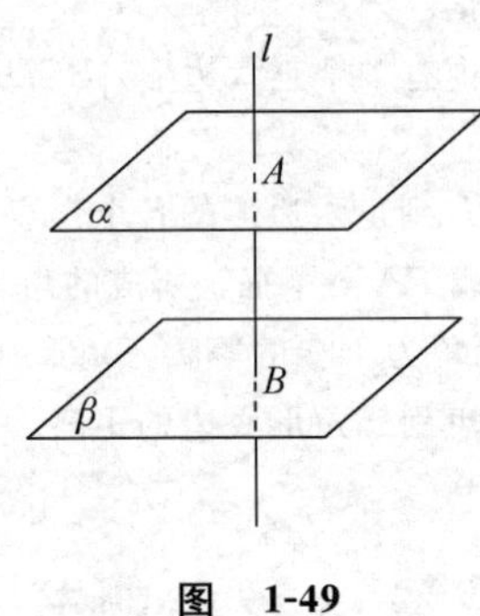

图　1-49

在安装车轮时，要使两个轮子相互平行，只要使轴两端的两轮子都垂直于轴就行了.这就是推论2的一个应用.

平面与平面平行的性质定理1　如果两个平行平面分别和第三个平面相交，那么它们的交线平行(如图1-50所示).

平面与平面平行的性质定理2　夹在两个平行平面间的平行线段的长相等(如图1-51所示).

由此可知，夹在两个平行平面间的垂直线段的长最短，我们把这个垂直线段的长叫做**两个平面间的距离**(如图1-52所示).

平面与平面平行的性质定理3　如果一条直线垂直于两个平行平面中的一个平面，那么这条直线也垂直于另一个平面(如图1-53所示).

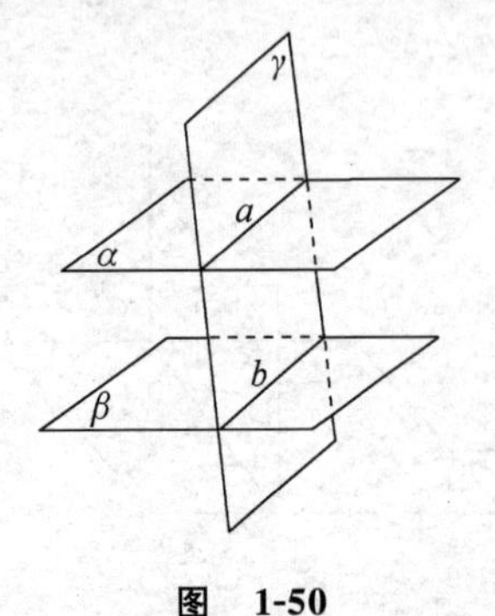

图　1-50

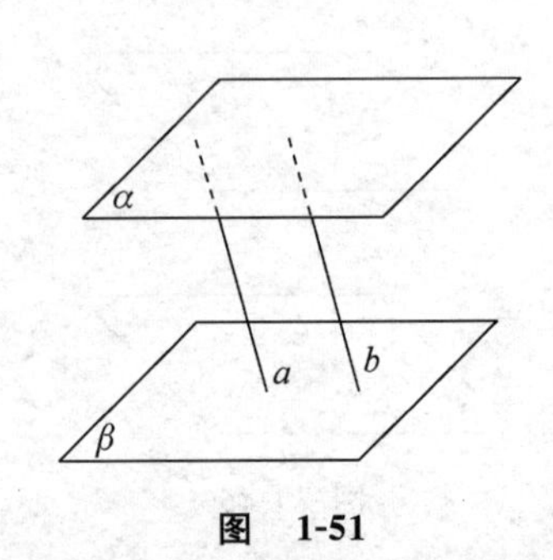

图　1-51

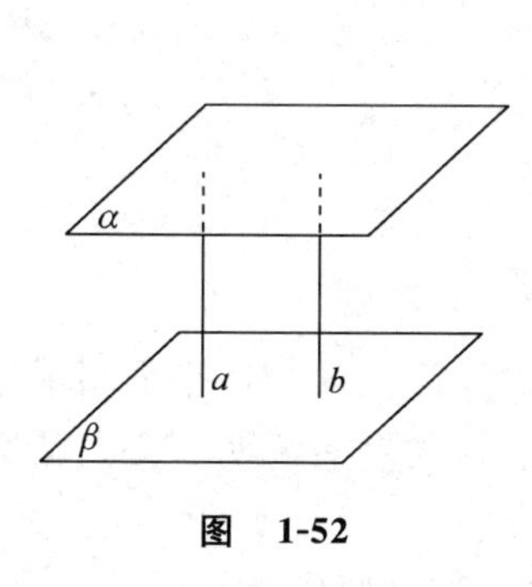

图 1-52

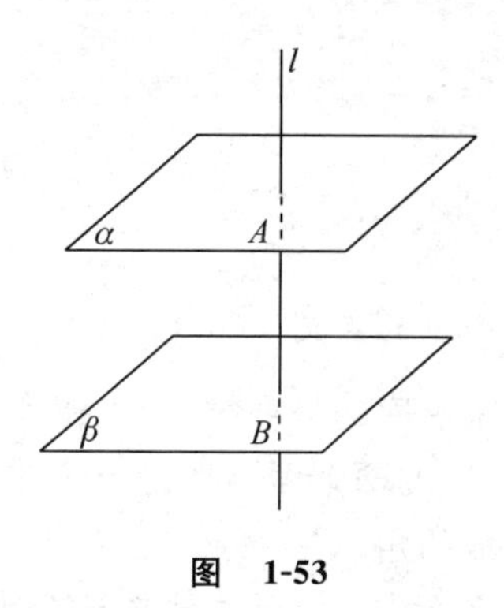

图 1-53

例 1 如图 1-54 所示，自两个平行平面外一点 M，作两条直线与这两个平面相交，设其中一条直线交这两个平面于 A、B 两点，另一条直线交这两个平面于 A_1、B_1 两点. 如果 $BB_1=36\ \text{cm}$，$MA:AB=4:5$，求线段 AA_1 的长.

解 如图 1-54 所示，由性质定理 1 可知

$$AA_1 /\!/ BB_1,$$

所以

$$\triangle AMA_1 \sim \triangle BMB_1,$$

于是有

$$\frac{MA}{MB}=\frac{AA_1}{BB_1},$$

则

$$\frac{MA}{MB-MA}=\frac{AA_1}{BB_1-AA_1},$$

即

$$\frac{MA}{AB}=\frac{AA_1}{BB_1-AA_1},$$

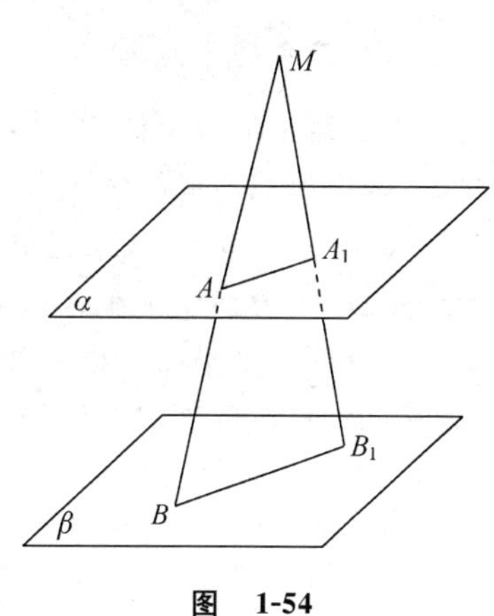

图 1-54

由已知，得

$$\frac{4}{5}=\frac{AA_1}{36-AA_1},$$

解此方程，得

$$AA_1=16(\text{cm}).$$

例 2 已知四面体 $PABC$，D、E、F 分别是棱 PA、PB、PC 的中点(如图 1-55 所示). 求证平面 $DEF /\!/$ 平面 ABC.

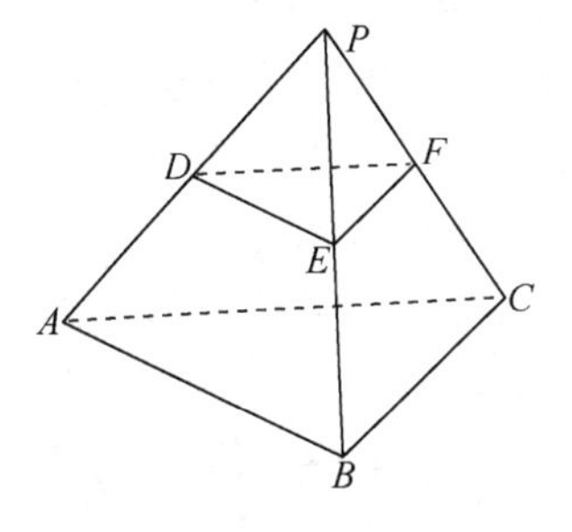

图 1-55

证明 在$\triangle PAB$ 中，因为 D、E 分别是棱 PA、PB 的中点，所以

$$DE /\!/ AB,$$

而 DE 不在平面 ABC 内，所以

$$DE /\!/ \text{平面 } ABC,$$

同理

$$EF /\!/ \text{平面 } ABC,$$

又因

$$DE \cap EF=E,$$

所以

$$\text{平面 } DEF /\!/ \text{平面 } ABC.$$

三、二面角

1. 二面角的定义

在修筑水库的堤坝时，为了使大堤坚固耐用，必须考虑到河堤面与地平面组成适当的角度；车刀刀口的两个面要根据用途的不同组成一定的角度. 这些事实说明有必要研究两个平面相交所成的角.

一个平面内的一条直线把这个平面分成两个部分，每一部分叫做**半平面**.

从一条直线出发的两个半平面组成的图形叫做**二面角**. 这条直线叫做**二面角的棱**，这两个半平面叫做**二面角的面**.

如图 1-56 所示的二面角，就是以直线 AB 为棱，α、β 为面的二面角. 通常记作 α-AB-β.

2. 二面角的平面角

以二面角的棱上任意一点为端点，分别在二面角的两个半平面内作垂直于棱的两条射线，这两条射线所成的角叫做**二面角的平面角**.

如图 1-57 所示，从二面角 $\alpha-AB-\beta$ 的棱 AB 上任取一点 M，分别在半平面 α 和 β 内作射线 $MN\perp AB$，$MP\perp AB$，则角 $\angle NMP$ 就是这个二面角的平面角. 同理，在棱 AB 上另取一点 M'，分别在半平面 α 和 β 内作射线 $M'N'\perp AB$、$M'P'\perp AB$，则角 $\angle N'M'P'$ 也是这个二面角的平面角. 可以证明 $\angle N'M'P'=\angle NMP$.

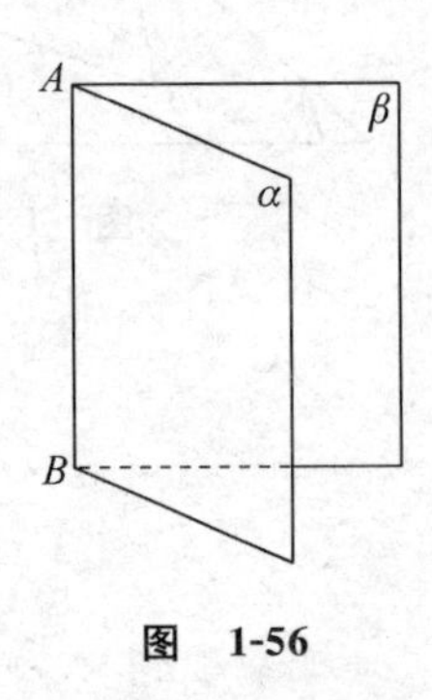

图 1-56

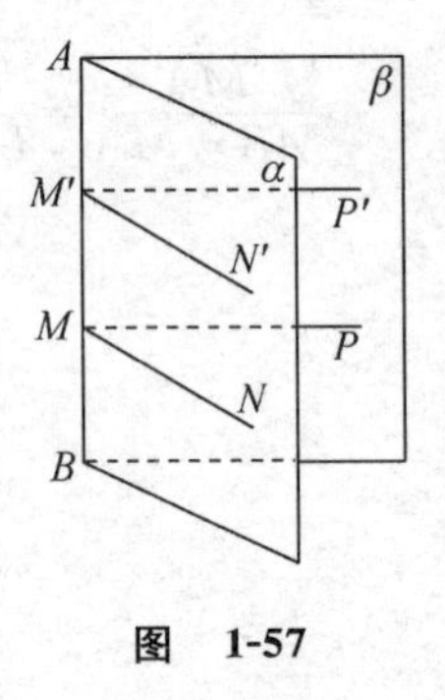

图 1-57

由此可知，二面角的平面角的大小与棱上点的位置选择无关. 因此，二面角的大小是由它的平面角来度量的.

例如，一个二面角的平面角是 n°，我们就说这个二面角是 n°；如果一个二面角的平面角分别为锐角、直角或钝角，我们就分别称这个二面角是锐二面角、直二面角或钝二面角.

显然，若记两个半平面所成的二面角为 θ，则 $0<\theta<\pi$.

例 3 在二面角的一个平面内有一个已知点 A，它到棱的距离是它到另一个面的距离的$\sqrt{2}$倍，试求这个二面角的度数.

解 如图 1-58 所示，二面角 α-a-β 的一个面 α 内有一点 A，$AB\perp a$ 于 B，$AC\perp\beta$ 于 C，则 $AB=\sqrt{2}AC$. 连接 BC，则 BC 是 AB 在平面

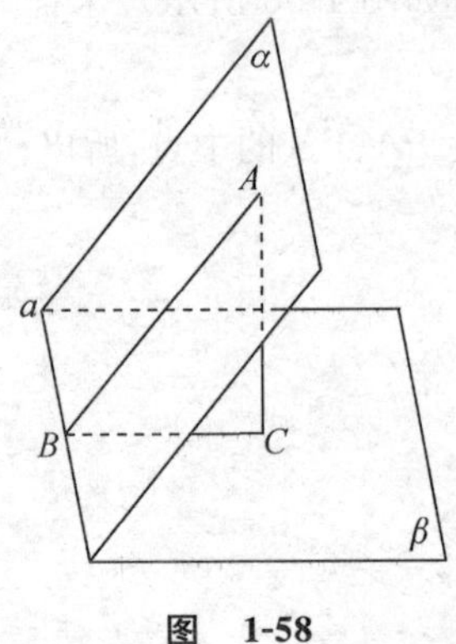

图 1-58

β内的射影. 根据三垂线定理,得

$$BC\perp a,$$

所以$\angle ABC$就是二面角α-a-β的平面角. 在直角$\triangle ABC$中,由$AB=\sqrt{2}AC$,得

$$\sin\angle ABC=\frac{AC}{AB}=\frac{\sqrt{2}}{2}.$$

则$\angle ABC=45°$,即二面角α-a-β为$45°$.

四、平面与平面垂直

两个平面相交,如果所成的二面角是直二面角,那么就称这**两个平面互相垂直**.

画两个平面相互垂直时,要把直立平面的竖边画成和水平平面的横边垂直. 平面α与平面β垂直,记作$\alpha\perp\beta$(如图 1-59 所示).

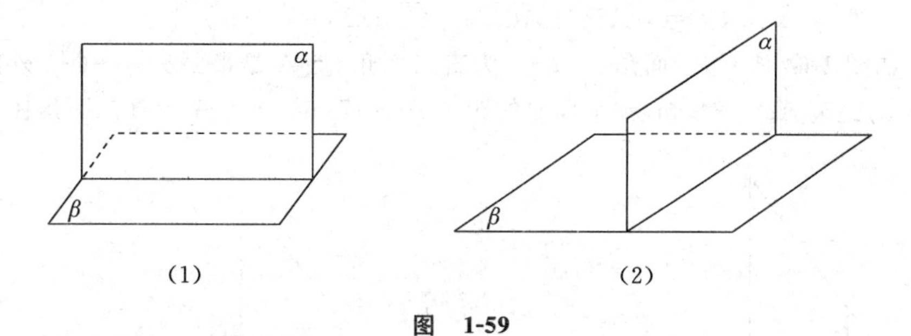

图 1-59

平面与平面垂直的判定定理 如果一个平面经过另一个平面的一条垂线,那么这两个平面互相垂直(如图 1-60 所示).

建筑工人在砌墙时,常用铅垂线来检查所砌的墙面是否与水平面垂直,就是依据这个定理.

平面和平面垂直的性质定理 如果两个平面互相垂直,那么在其中一个平面内垂直于它们交线的直线,必垂直于另一个平面(如图 1-60 所示).

推论 1 如果两个平面互相垂直,那么经过其中一个平面内任一点且垂直于另一个平面的直线,必在前一个平面内(如图 1-61 所示).

推论 2 如果两相交平面都垂直于第三个平面,那么它们的交线也垂直于第三个平面(如图 1-62 所示).

例如,教室的一角,两个立面墙相交,它们的交线一定是垂直于地面的.

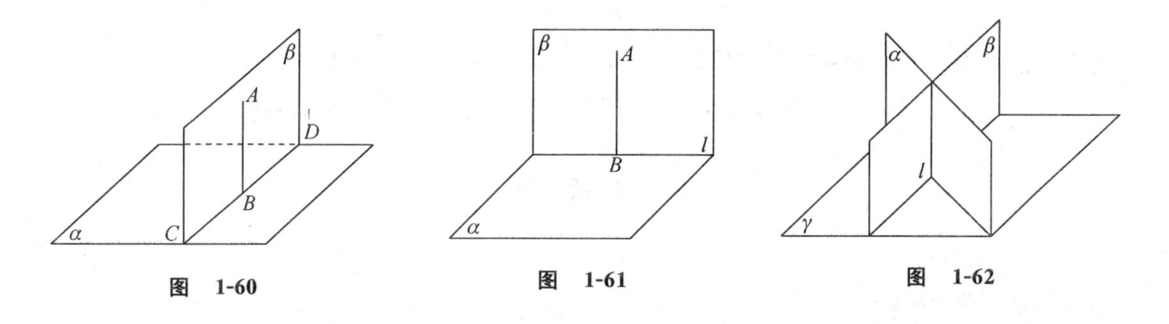

图 1-60　图 1-61　图 1-62

例4 如图1-63所示，在两个互相垂直的平面α和β的交线上有两个已知点A和B，AD和BC分别是这两个平面内垂直于AB的线段，已知$AD=8\text{ cm}$，$AB=9\text{ cm}$，$BC=12\text{ cm}$，求CD的长.

解 因为$BC\perp AB$，所以$\triangle ABC$是直角三角形. 又因为$DA\perp AB$，$\alpha\perp\beta$且$\alpha\cap\beta=AB$，则由平面和平面垂直的性质定理可知

$$DA\perp\beta,$$

又$AC\subset\beta$，所以

$$DA\perp AC,$$

故$\triangle DAC$也是直角三角形. 因此

$$AC^2=AB^2+BC^2=9^2+12^2=225,$$

所以

$$CD=\sqrt{AD^2+AC^2}=\sqrt{8^2+225}=17(\text{cm}).$$

例5 如图1-64所示，二面角$\alpha-l-\beta$为直二面角，点A是平面α与平面β外的一点，点A到平面α的距离$AB=24\text{ cm}$，到平面β的距离$AC=7\text{ cm}$. 求点A到直二面角棱l的距离.

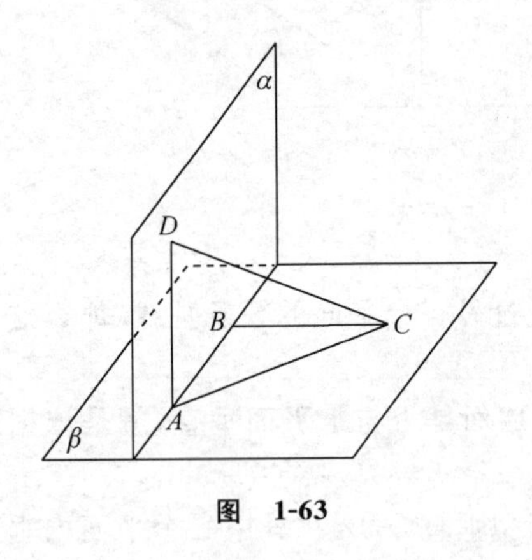

图 1-63

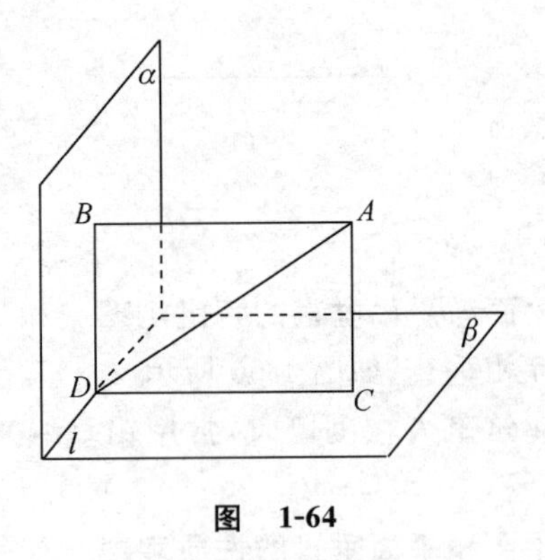

图 1-64

解 在平面α内作$BD\perp l$，垂足为D，连接CD、AD.

因为$AB\perp\alpha$，则BD为AD在平面α内的射影，又因为$BD\perp l$，由三垂线定理可知，

$$l\perp AD,$$

因此AD的长即为所求的距离.

已知$\alpha\perp\beta$，$BD\perp l$，则由平面与平面垂直的性质定理，

$$BD\perp\beta.$$

由$AC\perp\beta$，$CD\subset\beta$可知四边形$ABCD$为矩形. 于是在直角$\triangle ABD$中，

$$AD=\sqrt{AB^2+BD^2}=\sqrt{AB^2+AC^2}=\sqrt{24^2+7^2}=25(\text{cm}).$$

习 题 1-4

1. 作下列图形：

(1) 画两个相互平行的平面；

(2) 画一个平面与两个平行平面相交；

(3) 画两个互相垂直的平面；

(4) 画一个平面与两个相交平面垂直.

2. 判断下面的命题是否正确：

(1) 如果一个平面内的一条直线平行于另一个平面内的一条直线，那么这两个平面平行. ( )

(2) 如果一个平面内的两条平行线分别平行于另一个平面内的两条直线，那么这两个平面平行. ( )

(3) 如果一个平面内的两条相交直线分别平行于另一个平面内的两条直线，那么这两个平面平行. ( )

(4) 如果两个平面互相平行，那么其中一个平面内的任何直线都平行于另一个平面. ( )

(5) 如果两个平面互相平行，那么分别在这两个平面内的直线都互相平行. ( )

3. 填空题：

(1) 空间两个不重合的平面，它们的位置关系有两种，分别是________、________.

(2) 二面角的大小是用它的________来度量的，它的平面角的大小和________无关.

4. 两条线段夹在两个平行平面之间，这两条线段在平面内的射影的长分别为 1 dm 和 7 dm. 若两条线段的长相差 4 dm，试求这两条线段的长和这两个平行平面之间的距离.

5. 两个平行平面之间的距离等于 2 m，一直线和它们相交成 60°角，求直线夹在两个平面之间的线段的长.

6. 如图 1-65 所示，已知平面 $\alpha\perp\beta$，$\alpha\cap\beta=AB$，在平面 β 内，直线 $CD\parallel AB$，CD 到 AB 的距离为 9 cm. 在平面 α 内，点 E 到 AB 的距离为 40 cm. 求点 E 到直线 CD 的距离.

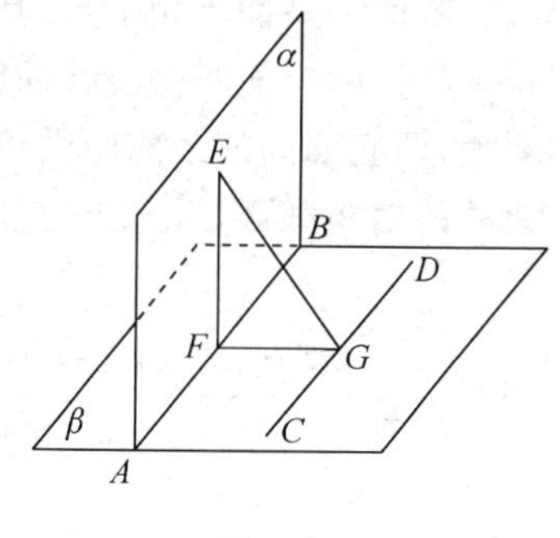

图 1-65

7. 平面 α 内有直角三角形 ABC，它的两条直角边分别是 5 cm 和 12 cm，从 α 外一点 S 作线段 SA、SB、SC，延长后与平行于 α 的平面 β 分别交于点 A_1、B_1、C_1，设 $SA:AA_1=3:2$，求 $\triangle A_1B_1C_1$ 的面积.

8. 在 45°的二面角的一个面内有一个已知点，它到另一个面的距离是 5 cm，求这点到棱的距离.

9. 斜坡 α 平面和水平平面 β 相交于坡脚的直线 AB，并且组成 12°的二面角，如果在平面 α 内沿着一条与 AB 垂直的道路前进，向前进 100 m 时大约升高多少米(精确到 1 m)？

第五节 空间图形的计算

一、多面体

由几个多边形围成的封闭几何体叫做**多面体**. 图 1-66 中的几何体都是多面体.

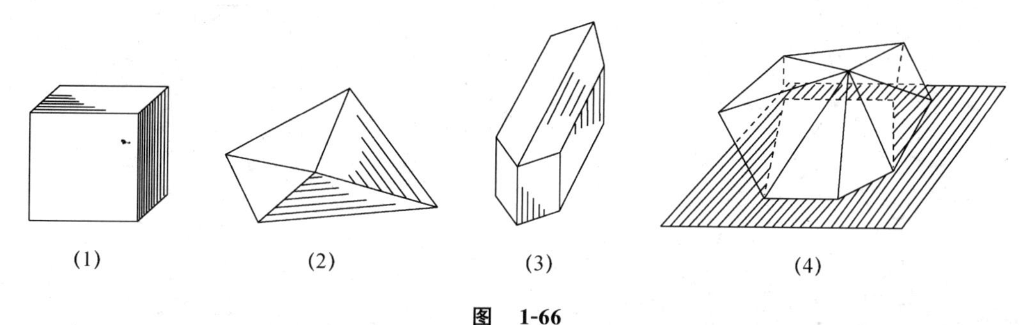

图 1-66

围成多面体的各个多边形叫做**多面体的面**，每两个相邻的面的交线叫做**多面体的棱**，棱与棱的交点叫做**多面体的顶点**，不在同一平面的两个顶点的连线叫做**多面体的对角线**. 多面体至少具有四个面，以多面体的面数来分，有四面体、五面体、六面体等（如图 1-67 所示）. 常见的多面体有棱柱、棱锥、棱台等.

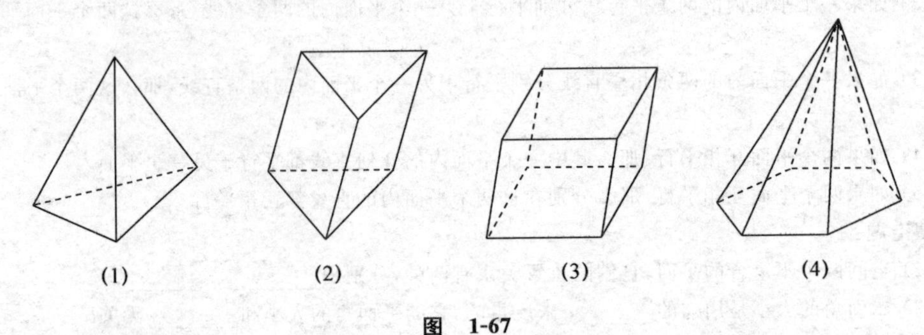

图 1-67

1. 棱柱

(1) 棱柱的概念

有两个平面互相平行，其余每相邻的两个面的交线都互相平行的多面体，称为**棱柱**. 互相平行的两个面叫做**棱柱的底面**，其余各面叫做**棱柱的侧面**，两相邻侧面的交线叫做棱柱的**侧棱**，两底面间的距离叫做**棱柱的高**，经过不在同一侧面内的任意两条侧棱所做的截面叫做**棱柱的对角截面**，垂直于棱柱的侧棱（或延长线）的截面叫做这个**棱柱的直截面**.

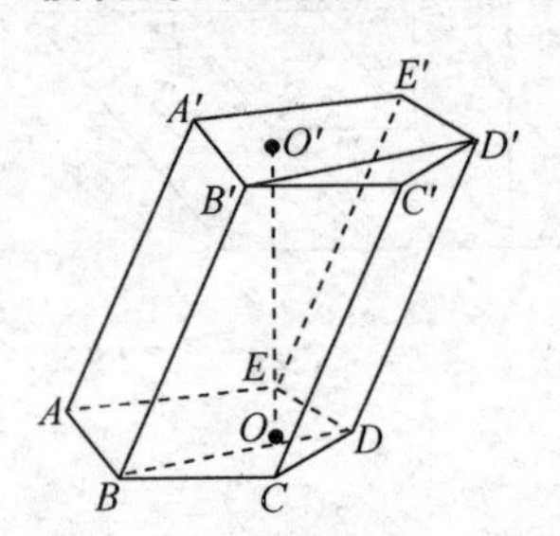

图 1-68

如图 1-68 所示，五边形 $ABCDE$ 和 $A'B'C'D'E'$ 是棱柱的底面，AA'、BB'、CC'、DD' 和 EE' 是棱柱的侧棱，OO' 棱柱的高，$BB'D'D$ 是棱柱的对角截面.

棱柱的表示方法是写出两个底面的各个顶点的字母，中间用一条短线连接，如图 1-68 中的棱柱可表示为棱柱 $ABCDE\text{-}A'B'C'D'E'$. 有时也可只用棱柱的某一条对角线两端的字母来表示，如棱柱 AD' 或 $A'C$ 等.

侧棱与底面不垂直的棱柱叫做**斜棱柱**（如图 1-69(1)所示），侧棱与底面垂直的棱柱叫做**直棱柱**（如图 1-69(2)、(3)所示），底面是正多边形的直棱柱叫做**正棱柱**（如图 1-69(3)所示）.

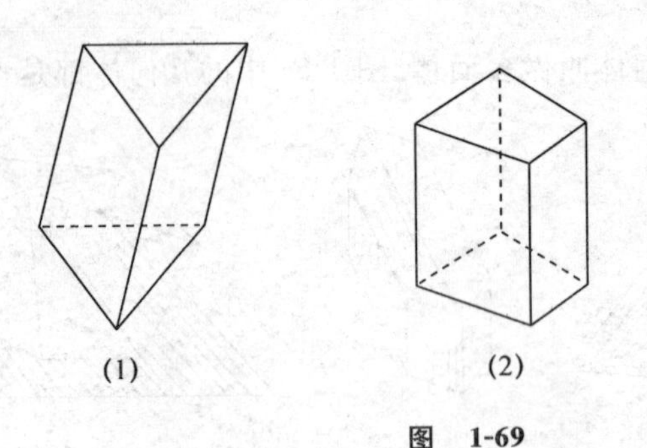

图 1-69

(2) 正棱柱的主要性质

① 侧棱互相平行，且与高相等；

② 侧面都是全等的矩形；

③ 两个底面是全等的正多边形.

在棱柱中，底面为平行四边形的棱柱叫做**平行六面体**. 显然，它的上、下底面及四个侧面均为平行四边形.

按侧棱和底面是否垂直来分，有以下几种类型：侧棱和底面斜交的平行六面体叫做**斜平行六面体**(如图 1-70(1)所示)，侧棱和底面垂直的平行六面体叫做**直平行六面体**(如图 1-70(2)所示)，底面是矩形的直平行六面体叫做**长方体**，所有棱长都相等的长方体叫做**正方体**或**立方体**.

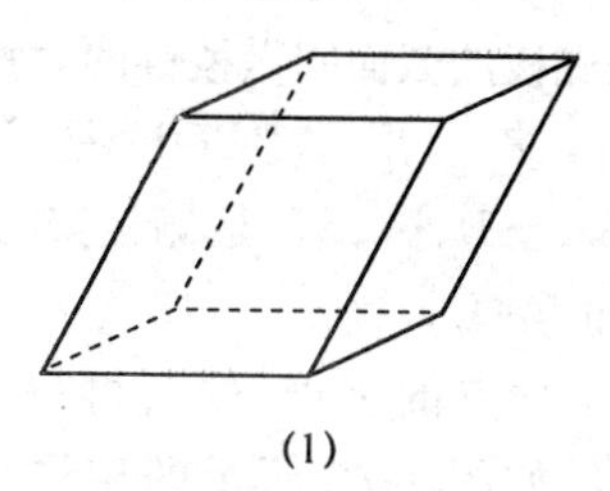

(1)

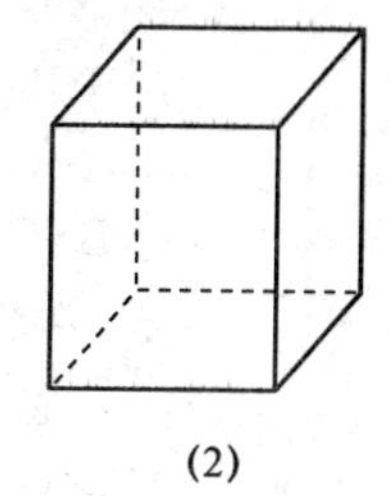

(2)

图 1-70

长方体除具有直棱柱的性质外，还有以下性质：

长方体的六个面都是矩形(正方体的六个面都是全等的正方形)，它们的四条对角线相等且交于一点，其长度的平方等于三度(长度、宽度、高度叫做三度)的平方和，即若长方体的长、宽和高分别为 a、b 和 c，则其对角线的长 d 满足

$$d^2=a^2+b^2+c^2.$$

例 1 一个长方体的长是 5 cm，宽是 3 cm，高是 4 cm，求对角线的长.

解 设所求的长方体的对角线长为 d，则

$$d^2=5^2+3^2+4^2=50,$$

故

$$d=\sqrt{50}=5\sqrt{2}(\text{cm}).$$

例 2 如图 1-71 所示，已知直棱柱 $ABC\text{-}A_1B_1C_1$ 的底面为等边三角形，边长为 6 cm，棱柱的侧棱长也为 6 cm，D 为侧棱 CC_1 的中点，求平面 A_1DB_1 和底面 $A_1B_1C_1$ 的夹角.

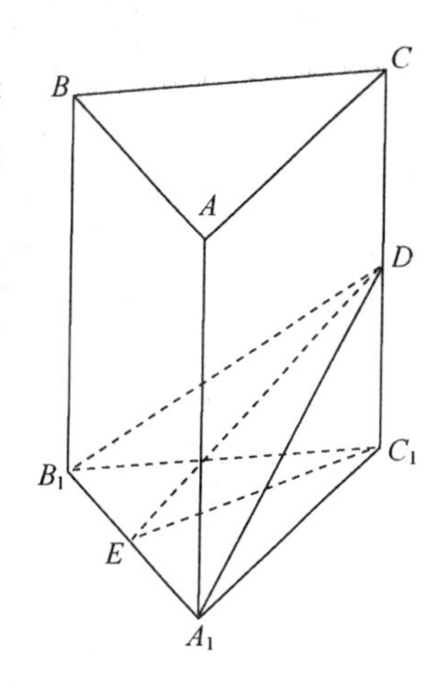

图 1-71

解 过 C_1 作 $C_1E\perp A_1B_1$，交 A_1B_1 于 E，连接 DE. 由三垂线定理易知 $DE\perp A_1B_1$，则 $\angle DEC_1$ 为平面 A_1DB_1 和底面 $A_1B_1C_1$ 的夹角.

因为等边 $\triangle A_1B_1C_1$ 的边长为 6 cm，则

$$C_1E=A_1C_1\cdot\sin60°=6\times\frac{\sqrt{3}}{2}=3\sqrt{3}(\text{cm}).$$

在直角 $\triangle DC_1E$ 中，

$$C_1D=\frac{1}{2}CC_1=3(\text{cm}),$$

于是

$$\tan\angle DEC_1=\frac{C_1D}{C_1E}=\frac{3}{3\sqrt{3}}=\frac{\sqrt{3}}{3},$$

所以

$$\angle DEC_1=30^\circ.$$

2. 棱锥

(1) 棱锥的概念

有一个面是多边形，其余各面是有一个公共顶点的三角形，这样的多面体叫做**棱锥**. 这个多边形的面叫做**棱锥的底面**，其余三角形的面叫做**棱锥的侧面**，两相邻侧面的交线叫做**棱锥的侧棱**，各侧面的公共点叫做**棱锥的顶点**，从顶点到底面的距离叫做**棱锥的高**，经过不在同一侧面内的任意两条侧棱的截面叫做棱锥的**对角截面**.

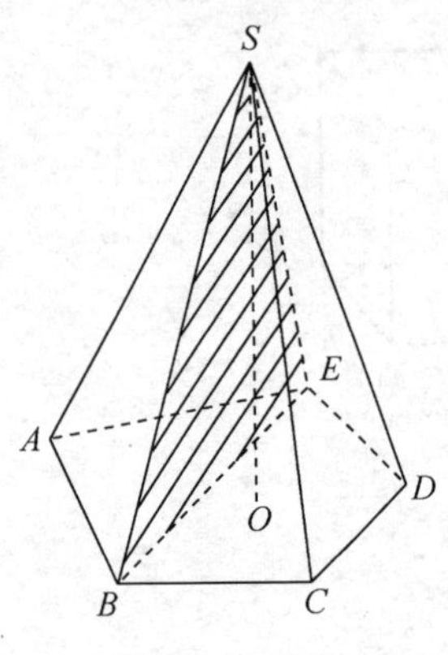

图　1-72

如图 1-72 所示的棱锥，多边形 $ABCDE$ 是底面，$\triangle ASB$、$\triangle BSC$、…、$\triangle ESA$ 是侧面，SA、SB、…、SE 是侧棱，S 为顶点，SO 为高，$\triangle SBE$ 是棱锥的一个对角截面.

棱锥的表示方法是先写出顶点的字母，然后再写出底面各顶点的字母，中间用一条短线连接，如图 1-72 所示的棱锥可表示为棱锥 $S\text{-}ABCDE$. 有时也可只用顶点的一个字母来表示，如棱锥 S.

如果棱锥的底面是正多边形，并且顶点在底面的射影是底面正多边形的中心，那么这样的棱锥称为**正棱锥**（如图 1-73 所示）. 以棱锥底面多边形的边数来分，有三棱锥、四棱锥、五棱锥等.

(2) 棱锥的主要性质

如图 1-74 所示，设 SO 为棱锥的高；$A_1B_1C_1D_1E_1$ 为棱锥 S 的一个平行截面（平行于底面的截面），它与 SO 交于 O_1；则有以下结论：

（Ⅰ）$\dfrac{SO_1}{SO}=\dfrac{SA_1}{SA}=\dfrac{SB_1}{SB}=\cdots=\dfrac{SE_1}{SE}$；

（Ⅱ）多边形 $A_1B_1C_1D_1E_1\backsim$ 多边形 $ABCDE$；

（Ⅲ）$\dfrac{S_{A_1B_1C_1D_1E_1}}{S_{ABCDE}}=\dfrac{SO_1^2}{SO^2}$.

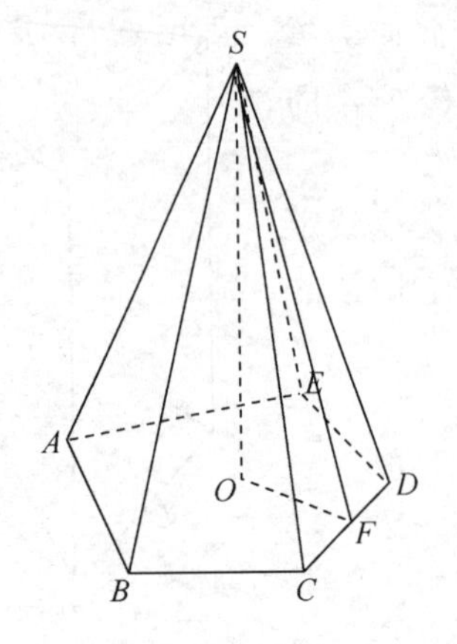

图　1-73

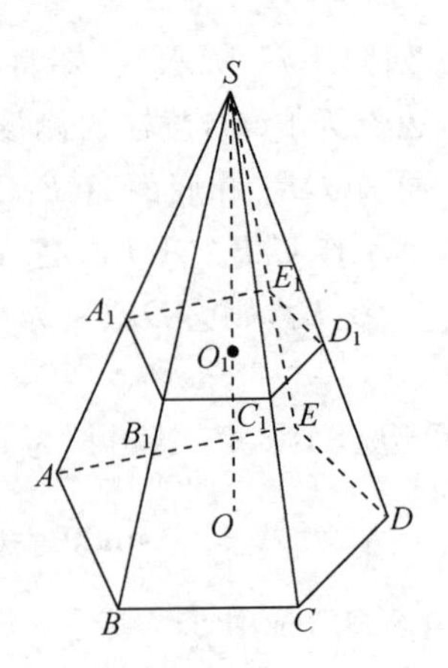

图　1-74

特别地，对于正棱锥，还有以下性质成立：

① 侧棱等长；

② 侧面都是全等的等腰三角形，这些等腰三角形的底边上的高叫做正棱锥的**斜高**（如图 1-73 中的 SF 就是棱锥 $S\text{-}ABCDE$ 的斜高），正棱锥斜高都相等；

③ 顶点和底面中心的连线垂直于底面；

④ 侧棱和底面所成的角都相等，侧面和底面所成的二面角都相等.

例 3　已知棱锥的高是 16，底面积是 512，平行截面的面积是 50，求顶点到平行截面的距离.

解　参考图 1-74，假设棱锥顶点到平行截面的距离为 x，则由性质（Ⅲ），有

$$\frac{x^2}{16^2}=\frac{50}{512},$$

解得

$$x=5,$$

即该棱锥顶点到平行截面的距离为 5.

例 4　如图 1-75 所示，已知 $S\text{-}ABC$ 为正三棱锥，其侧棱长为 8，侧棱和底边所成的角为 45°，求 $S\text{-}ABC$ 的高.

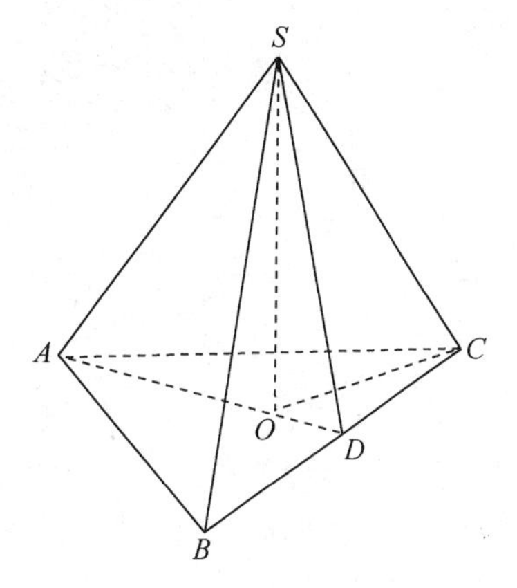

图　1-75

解　设点 O 为等边△ABC 的中心，连接 AO、SO、CO，则 $SO\perp$平面 ABC，即 SO 为 $S\text{-}ABC$ 的高. 延长 AO 交 BC 于点 D，连接 SD，则 D 为 BC 的中点且 $AD\perp BC$，$SD\perp BC$.

在直角△SDC 中，由 $\angle SCD=45°$，得

$$SD=SC\cdot\sin45°=8\times\frac{\sqrt{2}}{2}=4\sqrt{2},$$

$$CD=SC\cdot\cos45°=8\times\frac{\sqrt{2}}{2}=4\sqrt{2}.$$

在等边△ABC，因为 O 为其中心，则

$$\angle OCD=30°,$$

于是

$$OD=CD\cdot\tan30°=4\sqrt{2}\times\frac{\sqrt{3}}{3}=\frac{4\sqrt{6}}{3}.$$

又因为 $SO\perp OD$，所以在直角△SOD 中，

$$SO=\sqrt{SD^2-OD^2}=\sqrt{(4\sqrt{2})^2-\left(\frac{4\sqrt{6}}{3}\right)^2}=\frac{8\sqrt{3}}{3},$$

即正三棱锥 $S\text{-}ABC$ 的高为 $\frac{8\sqrt{3}}{3}$.

3. 棱台

（1）棱台的概念

用一个平行截面去截棱锥，棱锥的底面和平行截面间的部分叫做**棱台**. 这两个平行的面叫做**棱台的底面**，原棱锥的底面叫做下底面，平行截面叫上底面，其余的面叫做**棱台的侧面**. 两相邻侧面的交线叫做**棱台的侧棱**. 两底面之间的距离叫**棱台的高**，经过不在同一侧面内的任意两条侧棱的截面叫做**棱台的对角截面**.

由正棱锥截得的棱台叫做**正棱台**.

如图 1-76 所示，用平行截面 $A_1B_1C_1D_1E_1$ 去截棱锥 S-$ABCDE$，棱锥的底面 $ABCDE$ 与截面 $A_1B_1C_1D_1E_1$ 间的部分就是棱台. 其中 $ABCDE$ 是下底面；$A_1B_1C_1D_1E_1$ 是上底面；A_1B_1BA、B_1C_1CB、…、E_1A_1AE 是侧面；A_1A、B_1B、…、E_1E 是侧棱；O_1O 是高；AA_1D_1D 是一个对角截面.

棱台的表示方法与棱柱类似，图 1-76 所示的棱台可表示为棱台 $ABCDE$-$A_1B_1C_1D_1E_1$ 或棱台 AD_1.

注意 有些多面体看上去像棱台，实际上不是棱台. 棱台的特征是：它的两个底面不但平行，并且各侧棱延长线必相交于同一点. 如图 1-77 所示的多面体就不是棱台.

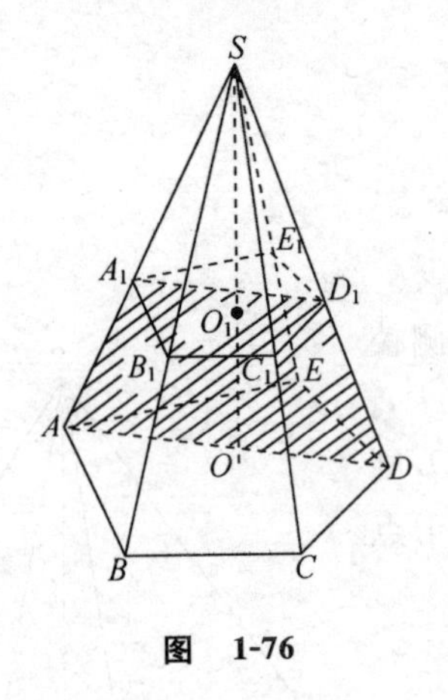

图 1-76

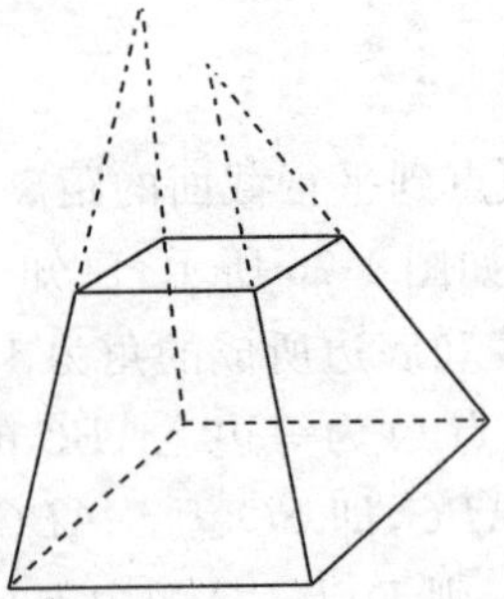

图 1-77

(2) 正棱台的主要性质

① 侧棱等长；

② 各侧面都是全等的等腰梯形，这些等腰梯形的高叫做**正棱台的斜高**（如图 1-78 中的 GG_1 就是该正棱台的斜高），正棱台的斜高都相等；

③ 上底面和下底面是相似的正多边形；

④ 侧棱和底面所成的角都相等，侧面和底面所成的二面角都相等；

⑤ 两底面中心的连线垂直于底面，这条连线的长就是正棱台的高.

例 5 如图 1-79 所示，正四棱台的对角线 $A_1C=9$ cm，两个底面边长分别为 5 cm、7 cm，求它的高.

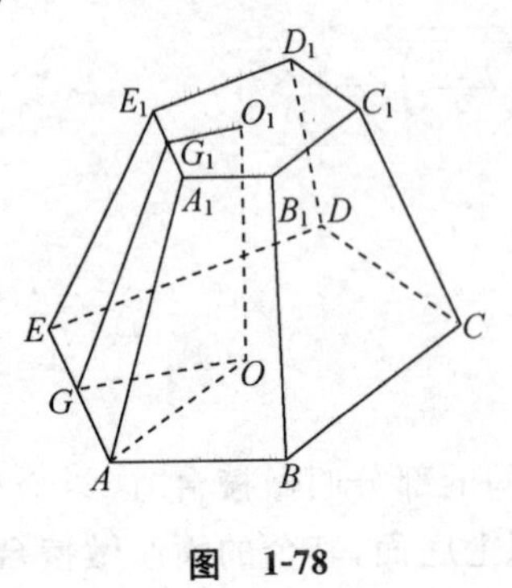

图 1-78

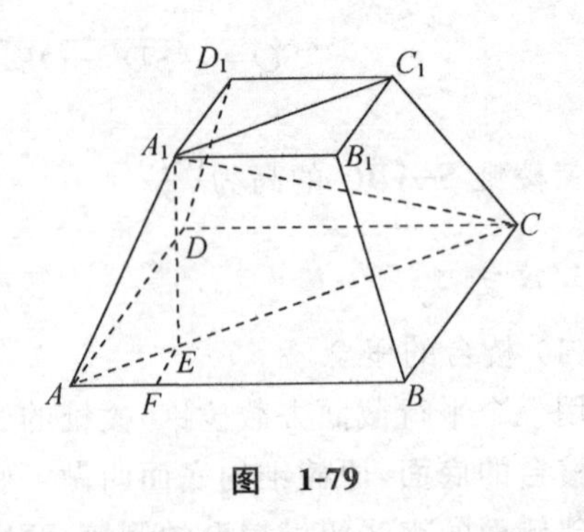

图 1-79

解 连接 AC，在平面 A_1AC 内作 $A_1E\perp AC$，交 AC 于 E，则 A_1E 即为棱台的高. 再过 E 点作 $EF\perp AB$，交 AB 于 F.

由 $A_1B_1C_1D_1$-$ABCD$ 为正四棱台且上底边长为 5 cm，下底边长为 7 cm，得

$$AF=EF=\frac{1}{2}(AD-A_1D_1)=\frac{1}{2}(7-5)=1(\text{cm}).$$

于是，在直角△AFE 中，

$$AE=\sqrt{AF^2+EF^2}=\sqrt{2}(\text{cm}).$$

因为，在直角△ABC 中，

$$AC=\sqrt{AB^2+BC^2}=\sqrt{7^2+7^2}=7\sqrt{2}(\text{cm}),$$

所以

$$CE=AC-AE=7\sqrt{2}-\sqrt{2}=6\sqrt{2}(\text{cm}).$$

在直角△A_1EC 中，

$$A_1E=\sqrt{A_1C^2-CE^2}=\sqrt{9^2-(6\sqrt{2})^2}=3(\text{cm}),$$

即该棱台的高为 3 cm.

二、旋转体

1. 圆柱、圆锥、圆台的概念

以矩形的一边所在的直线为旋转轴，旋转一周而形成的几何体叫做**圆柱**；以直角三角形的一直角边为旋转轴，旋转一周而形成的几何体叫做**圆锥**；以直角梯形垂直于底边的腰为旋转轴，旋转一周而形成的几何体叫做**圆台**. 旋转轴叫做它们的**轴**；在轴上的边的长度叫做它们的**高**；垂直于轴的边旋转而成的圆面叫做它们的**底面**；不垂直于轴的边旋转而成的曲面叫做它们的**侧面**；无论旋转到什么位置，这条边叫做**母线**. 如图 1-80 所示的圆柱、圆锥、圆台分别是矩形 $A'O'OA$、直角△SOA、直角梯形 $A'O'OA$ 旋转所得，直线 OO'、SO 是轴；线段 OO'、SO 是高；AA'、BB'、SA、SB 等是母线.

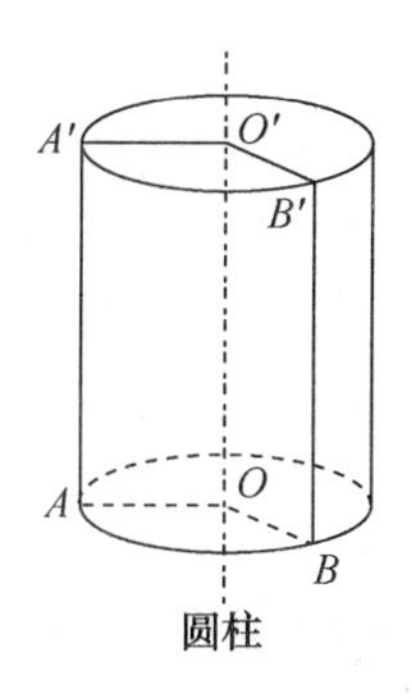

圆柱

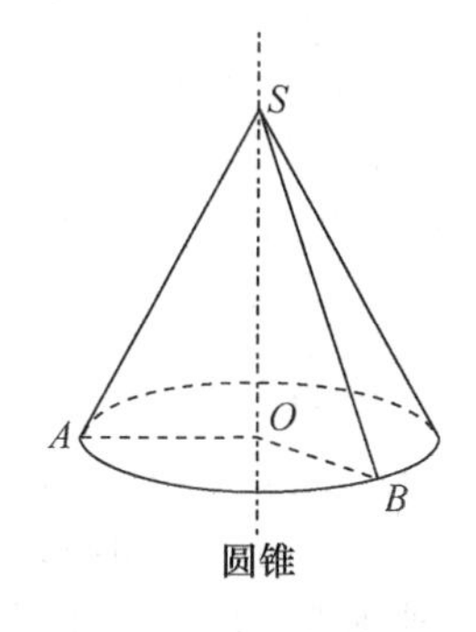

圆锥

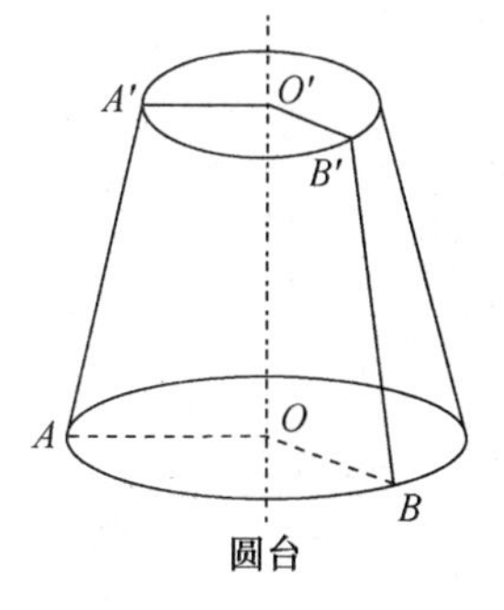

圆台

图　1-80

很明显，圆台也可以看作是用平行于圆锥底面的平面去截圆锥而得到的.

2. 圆柱、圆锥、圆台的性质

(1) 垂直于圆柱、圆锥、圆台的轴的截面都是圆面，且与底面平行.

(2) 过圆柱、圆锥、圆台的轴的截面分别是矩形、等腰三角形、等腰梯形.

例 6　圆锥的母线与底面所成的角 60°，它的高为 $2\sqrt{3}$，求圆锥的母线的长度和底面积.

解　如图 1-81 所示，设母线长为 l，底半径为 R，高为 H，$\angle OAS=60°$.

在直角$\triangle SOA$中，由$SO=2\sqrt{3}$，得圆锥的母线的长度

$$l=\frac{H}{\sin 60^\circ}=\frac{2\sqrt{3}}{\frac{\sqrt{3}}{2}}=4.$$

所以

$$R=l\cos 60^\circ=2,$$

因此所求圆锥的底面积为

$$S=\pi R^2=\pi\times 2^2=4\pi.$$

例7 把一个圆锥截成圆台（图1-82是其轴截面图），已知圆台的上、下底面半径之比$CD:AB=2:7$，母线DB长是20 cm，求圆锥母线PB长.

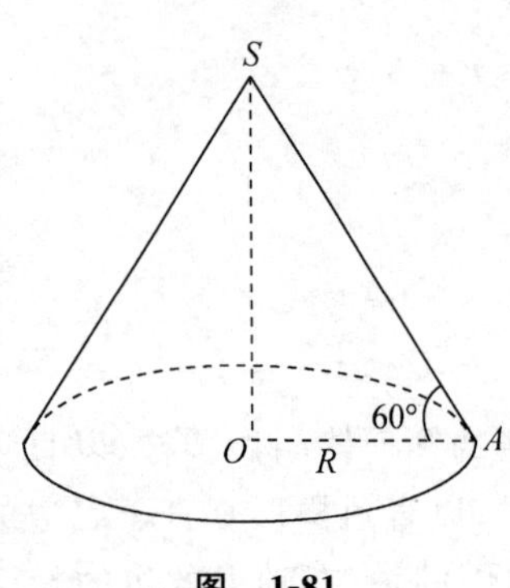

图 1-81

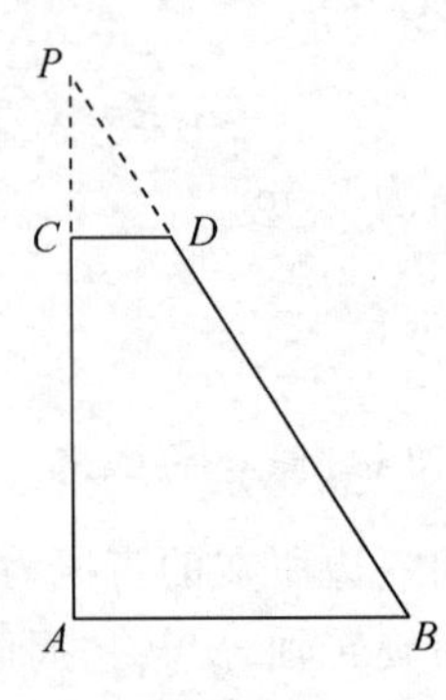

图 1-82

解 设圆锥的母线长$PB=x$，由$\triangle PCD$与$\triangle PAB$相似，得

$$\frac{PD}{PB}=\frac{CD}{AB},$$

即

$$\frac{x-20}{x}=\frac{2}{7},$$

也就是

$$7(x-20)=2x,$$

解之，得

$$x=28(\text{cm}).$$

故圆锥的母线长为28 cm.

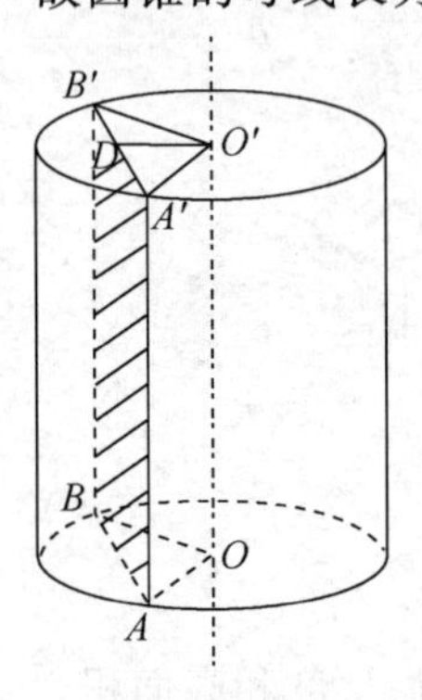

图 1-83

例8 如图1-83所示，有一圆柱形木材，长为3 m，直径$d=20$ cm，从离轴8 cm处平行于轴锯开，求锯面$ABB'A'$的面积.

解 作$O'D\perp A'B'$，则$O'D=8$ cm. 又

$$O'A'=\frac{d}{2}=\frac{20}{2}=10(\text{cm}),$$

则在直角$\triangle O'DA'$中，

$$DA'=\sqrt{O'A'^2-O'D^2}=\sqrt{10^2-8^2}=6(\text{cm}),$$

于是

$$A'B'=2DA'=12(\text{cm}),$$

所以

$$S_{ABB'A'}=A'B'\times AA'=12\times 300=3600(\text{cm}^2).$$

故锯面面积约为 3600 cm^2.

3. 球

一个半圆面绕着它的直径旋转一周所形成的几何体叫做**球**. 一个半圆周绕着它的直径旋转一周所得的面叫做**球面**. 半圆面的圆心叫做**球心**,连接球心和球面上的任意一点的线段叫做**球半径**,连接球面上任意两点的线段叫做**球的弦**,过球心的弦叫做**球的直径**.

如图 1-84 所示,点 O 是球心,线段 OA、OB、OC、OD 等都是半径,线段 AB 是直径,线段 AD、CD、AC 均是弦.

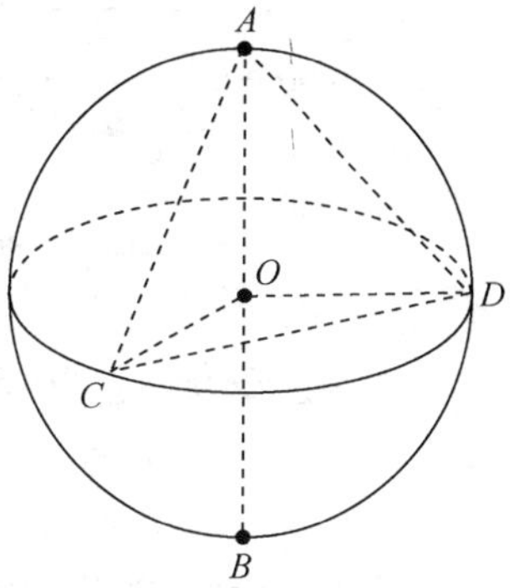

球被任意平面所截得的截面是一个圆. 这个截面叫做**球截面**. 如图 1-85(1)、(2)阴影部分所示.

球心和截面圆心的连线垂直于截面. 如图 1-85(1)所示.

设球心到截面的距离为 d,球的半径为 R,截面半径为 r,显然有下面的关系:

$$r=\sqrt{R^2-d^2}.$$

图　1-84

说明:

(1) 当 $d=0$ 时,$r=R$,这时截面过球心,球被截面截得的圆最大,叫做**球的大圆**,如图 1-85(2)所示,不过球心的截面所截得的圆,叫做**球的小圆**.

(2) 当 $d=R$ 时,$r=0$,这时截面 α 与球心的距离等于球的半径,α 和球只有一个公共点,和球只有一个公共点的平面叫做**球的切面**(如图 1-85(3)所示).

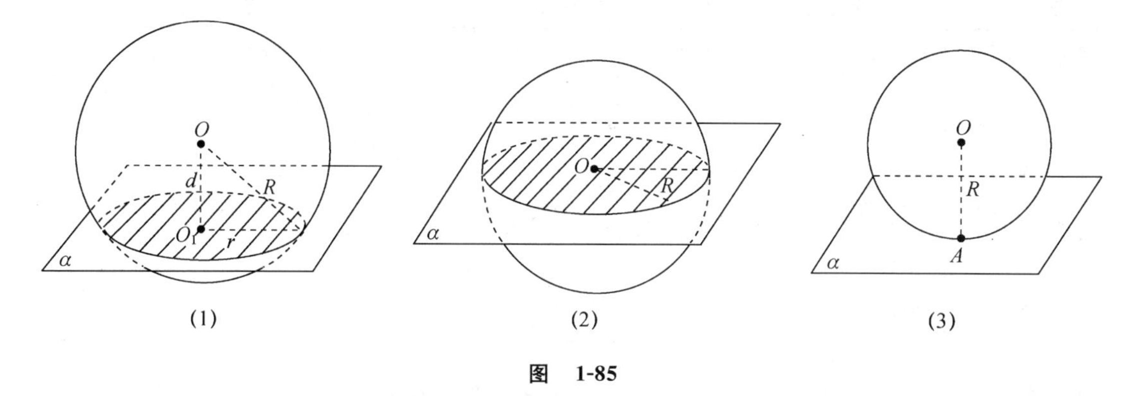

图　1-85

当我们把地球看作一个球时,经线就是球面上从南极到北极的半个大圆,赤道是一个大圆,其余的纬线都是小圆(如图 1-86 所示).

例 9　我国首都北京靠近北纬 40°,求北纬 40°纬线的长度约为多少 km(地球半径约 6370 km).

解　如图 1-87 所示,设 A 是北纬 40°圈上的一点,AK 是它的半径,O 为地球中心,c 为北纬 40°纬线长,显然

$$OK\perp AK.$$

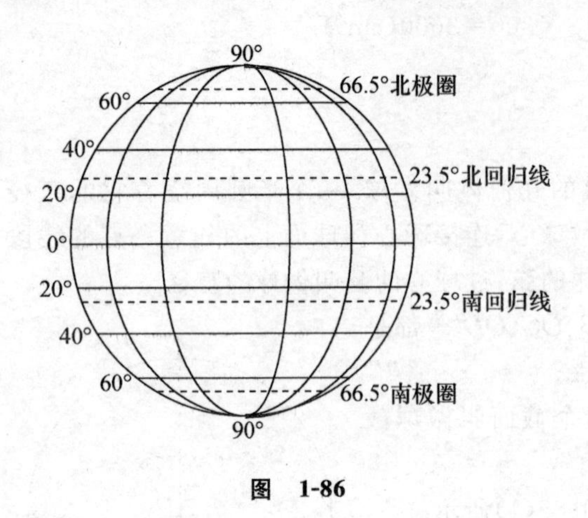

图 1-86

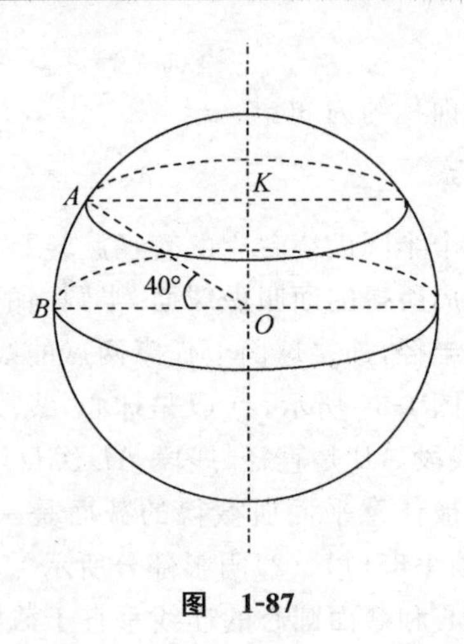

图 1-87

因为$\angle AOB=\angle OAK=40°$，所以

$$c=2\pi\cdot AK=2\pi\cdot OA\cdot\cos\angle OAK=2\pi\times6370\times\cos40°$$
$$\approx2\times3.142\times6370\times0.7660\approx3.066\times10^4(\text{km}).$$

故北纬 40°纬线的长度约为 3.066×10^4 km.

三、有关多面体和旋转体的计算公式

多面体和旋转体的侧面积、体积计算公式如表 1-1 所示.

表 1-1

名称	侧面积公式	体积公式	备注
直棱柱/圆柱	$S_{侧}=ch$	$V=Sh$	c:底周长 h:高 S:底面积
正棱锥/圆锥	$S_{侧}=\frac{1}{2}cl$	$V=\frac{1}{3}Sh$	c:底周长 l: 斜高/母线 S:底面积 h:高
正棱台/圆台	$S_{侧}=\frac{1}{2}(c+c')l$	$V=\frac{1}{3}h(S+\sqrt{SS'}+S')$	c、c':上、下底周长 l: 斜高/母线 h:高 S、S':上下底面积
球	$S_{侧}=4\pi R^2$	$V=\frac{4}{3}\pi R^3$	R:球半径

例 10 如图 1-88 所示，一个储存粮食的谷仓下部为圆柱体，半径 $OB=2$ m，高 $OO'=4$ m. 粮仓的上半部为与圆柱相接的一个圆锥体，圆锥的高 $SO'=3$ m. 求该谷仓的容积(精确到个位数).

解 谷仓的容积

$$V=V_{圆柱}+V_{圆锥}$$
$$=\pi\times OB^2\times OO'+\frac{1}{3}\pi\times O'A^2\times SO'$$
$$=\pi\times2^2\times4+\frac{1}{3}\pi\times2^2\times3$$
$$=20\pi\approx62.8(\text{m}^3).$$

例 11 如图 1-89(1)所示，一块正方形薄铁板的边长是 36 cm，图中虚线将其等分为三部分，然后沿虚线将其折叠，围成一个正三棱柱的侧面，再用铁皮将三棱柱下底密封.求它的容积(保留两位有效数字).

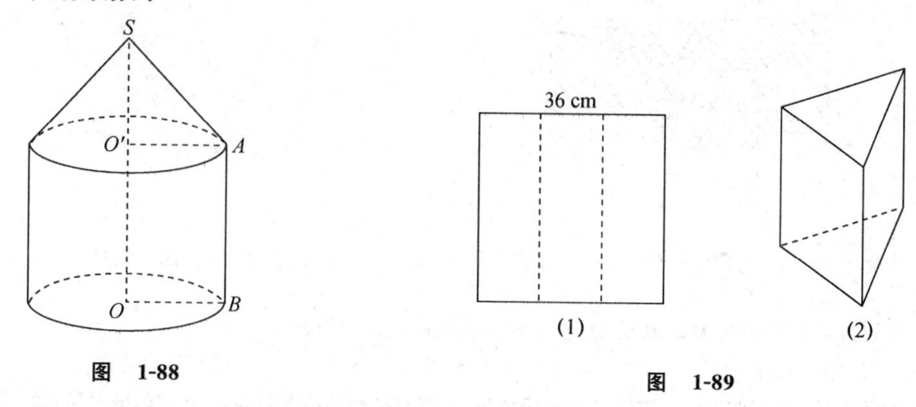

图 1-88

图 1-89

解 因为正方形薄铁板的边长是 36 cm，则它所围成的正三棱柱的高为 36 cm，底面等边三角形的边长为 12 cm，如图 1-89(2)所示，三棱柱底面积为

$$S=\frac{\sqrt{3}}{4}\times 12^2=36\sqrt{3}(\text{cm}^2),$$

于是该三棱柱的体积为

$$V=36\sqrt{3}\times 36\approx 2245(\text{cm}^3).$$

习 题 1-5

1. 判断题.

(1) 直棱柱的直截面必定平行于直棱柱的底面. ( )

(2) 过棱锥顶点向底面作垂线，垂足必定是底面中心. ( )

(3) 只要上、下底面平行，其余面为梯形的多面体必定是棱台. ( )

(4) 平行六面体长对角线的平方，必为它的长、宽、高三度的平方和. ( )

(5) 正棱锥的平行截面垂直于棱锥的高. ( )

(6) 圆柱的高和母线相等. ( )

(7) 圆柱的轴截面和圆柱的两底面垂直. ( )

(8) 球截面就是大圆. ( )

(9) 圆锥的平行截面不一定是圆. ( )

2. 填空题.

(1) 四棱锥是____面组成的多面体，故又称为____面体，多面体最少要有____个面；

(2) 棱柱的两个底面是______ 的多边形；

(3) 棱台体积计算公式 $V_{棱台}=$________；

(4) 正方体的棱长为 a，则正方体的对角线长为______.

3. 长方体底面两条相邻边的长分别是 12 cm 和 16 cm，高是 40 cm，求对角截面的面积.

4. 三棱柱每两个侧棱间的距离分别为 2 cm、3 cm、4 cm，侧面积是 45 cm²，求它侧棱的长.

5. 如图 1-90 所示，直四棱柱的底面是菱形，已知它的两个对角面的面积分别为 30 cm² 和 40 cm²，试求其侧面积.

6. 如图 1-91 所示，已知三棱柱的高是 5 dm，它的底面是直角三角形，并知其斜边长为 10 dm，一条直角边长为 8 dm，求这个棱柱的体积.

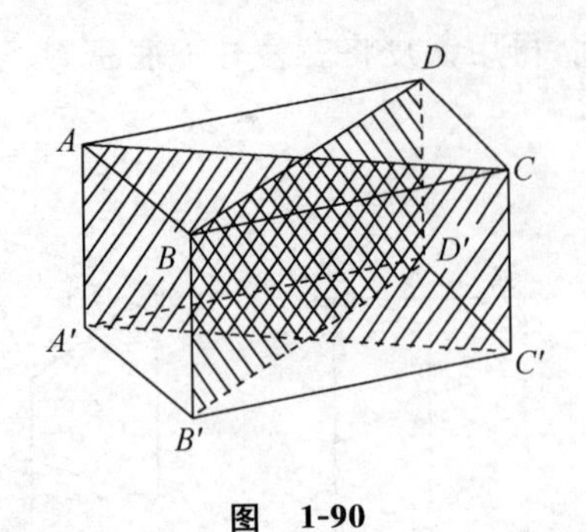

图 1-90

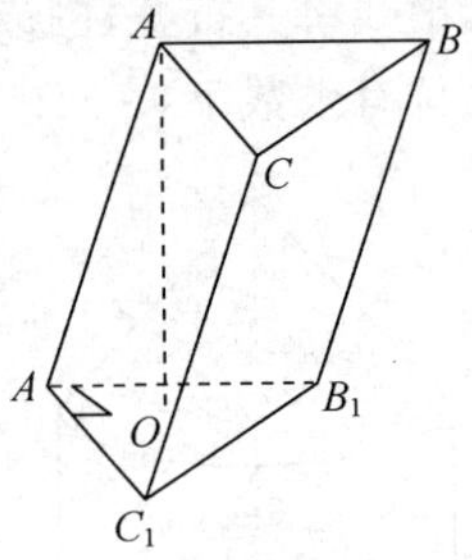

图 1-91

7. 已知底面每边长为 a，高是 H，求下列正棱锥的侧棱和斜高.

(1) 正三棱锥；　　(2) 正四棱锥；　　(3) 正六棱锥.

8. 已知正六棱锥的底面每边长为 a，侧棱长为 $2a$，求这棱锥的高和斜高，并求它的侧面和底面所成的二面角.

9. 正三棱锥，底面的边长为 6 cm，侧棱长为 5 cm，试求其全面积（精确到 0.1 cm^2）和体积（精确到 0.1 cm^3）.

10. 正六棱锥的高为 20 cm，斜高和高所成的角是 30°，求其体积.

11. 一个正三棱台，它的侧棱长 10 cm，两底面的边长分别是 6 cm 和 18 cm，求它的侧面积.

12. 如图 1-92 所示已知正四棱台的高为 17 cm，两底面的边长分别为 4 cm 和 16 cm. 求此棱台的斜高 K_1K 和侧棱的长.

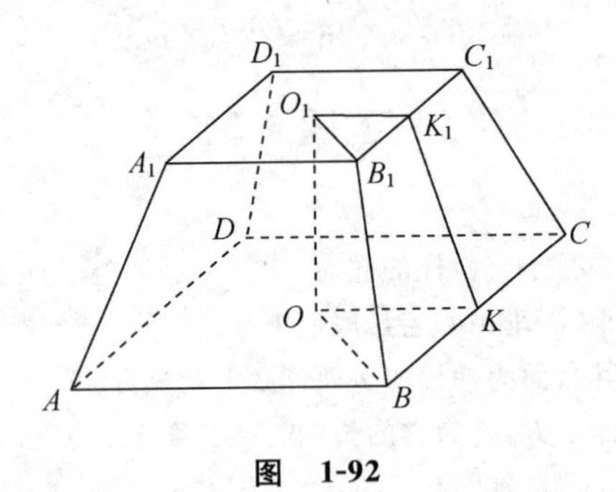

图 1-92

13. 圆锥的高是 10 cm，母线和底面成 60°角，求母线的长和底面半径.

14. 圆锥的底面的直径等于 12 cm，母线长等于 40 cm，求这个圆锥轴截面的面积.

15. 圆锥底面半径为 R，轴截面是直角三角形，求轴截面面积.

16. 已知圆台上、下底面的直径分别为 3 cm、9 cm，母线长为 5 cm，求它的轴截面的面积.

17. 设地球半径为 R，在北纬 30°圈上有甲、乙两地，它们的经度相差 90°，求这两地的纬线长.

复 习 题 一

1. 判断题.

(1) 两个平面只要有三点重合，那么这两个平面一定重合. (　　)

(2) 一条直线和两条平行线都相交，那么这三条线在一个平面内. (　　)

(3) 在空间分别位于两个不同平面的两条直线为异面直线. (　　)

(4) 在空间两组对边相等的四边形是平行四边形. (　　)

(5) 空间两条直线没有公共点，它们一定平行. (　　)

(6) 已知直线 a∥平面 α，且直线 b∥平面 α，则 a∥b. (　　)

(7) 已知两条异面直线 a、b,对于不在 a、b 上的任一点都可以作一个平面与 a、b 都平行. ( )

(8) 如果一条直线垂直于一平面内的两条直线,则这条直线与这个平面垂直. ( )

(9) 过已知平面的一条斜线的平面,一定不会与已知平面垂直. ( )

(10) 长方体的对角线相等. ( )

(11) 侧棱都相等的棱锥是正棱锥. ( )

(12) 有两个侧面是矩形的棱柱是直棱柱. ( )

(13) 有两个相邻的侧面是矩形的棱柱是直棱柱. ( )

(14) 长方体是直四棱柱. ( )

(15) 正四棱柱是正方体. ( )

(16) 底面是正多边形的棱锥是正棱锥. ( )

2. 填空题.

(1) 已知正方体 $ABCD—A'B'C'D'$,直线 AC' 与直线 BC 的夹角等于________;

(2) 已知正方形 $ABCD$ 的边长为 a,$PA\perp$ 平面 AC,且 $PA=b$,则 $PC=$________;

(3) 已知球的大圆周长为 l,则这个球的表面积是________;

(4) 棱长为 a 的正四面体的体积等于________;

(5) 圆台的母线与轴的夹角为 $30°$,则母线和底面成的角是________,若母线长为 $2a$,一个底面半径是另一个底面半径的 2 倍,则底面半径分别是________和________.

3. 由距离平面 α 为 4 cm 的一点 P 向平面引斜线 PA,使斜线与平面成 $30°$的角,求斜线 PA 在平面 α 内的射影.

4. 将一边长为 a 的正方形纸片卷成圆柱,求圆柱的体积.

5. 已知圆台的上、下底面半径分别是 r'、r,它的侧面积等于两底面面积的和,求圆台的母线长.

6. 正三棱锥的底面边长为 a,高是 $2a$,求它的体积.

7. 海平面上,地球球心角 $1'$所对的大圆弧长约为 1 海里,那么 1 海里是多少 km(地球半径约为 6370 km)?

【数学史典故 1】

欧几里德与《几何原本》

欧几里德

(约前 330—前 275)

欧几里德(希腊文:Ευκλειδης,约前 330—前 275),古希腊数学家,被后人誉为“几何学之父”. 他最著名的著作《几何原本》是欧洲数学的基础,其中提出五大公设,发展欧几里德几何,被广泛地认为是历史上最成功的教科书. 欧几里德也写了一些关于透视、圆锥曲线、球面几何学及数论的作品,是几何学的奠基人.

欧几里德生于雅典,早年求学于“柏拉图学园”. 当时的雅典就是古希腊文明的中心,具有浓郁的文化气氛.“柏拉图学园”是柏拉图 40 岁时创办的一所以讲授数学为主要内容的学校,柏拉图甚至声称:“上帝就是几何学家.”欧几里德在“柏拉图学园”求学时,潜心研究了柏拉图的所有著作和手稿,以继承柏拉图的学术为奋斗目标.通过对柏拉图数学思想，尤其是几何学理论系统而周详的研究，已敏锐地察觉到了几何学理论的发展趋势，并开始沿着柏拉图当年走过的道路，把几何学的研究作为自己的主要任务.

成年后的欧几里德游历到了埃及的尼罗河流域，在此地的无数个日日夜夜里，他一边收集以往的数学专著和手稿，向有关学者请教，一边试着著书立说，阐明自己对几何学的理解.欧几里德的辛勤钻研，终于在公元前300年结出丰硕的果实，这就是几经易稿而最终定形的《几何原本》一书.

《几何原本》是欧几里德的一部不朽之作，是当时整个希腊数学成果、方法、思想和精神的结晶，其内容和形式对几何学本身和数学逻辑的发展有着巨大的影响.从来没有一本教科书，像《几何原本》这样长期占据着几何学教科书的头把交椅.从1482年出现活字印刷以来，《几何原本》竟然印刷了一千版以上.而在此之前，它的手抄本统御几何学达一千八百年之久.

《几何原本》的第一卷首先给出了一些必要的基本定义、解释、公设和公理，还包括一些关于全等形、平行线和直线形的人们熟知的定理.该卷的最后两个命题是毕达哥拉斯定理及其逆定理.第二卷篇幅不长，主要讨论毕达哥拉斯学派的几何代数学.第三卷包括圆、弦、割线、切线以及圆心角和圆周角的一些人们熟知的定理.这些定理大多都能在现在的中学数学课本中找到.第四卷则讨论了给定圆的某些内接和外切正多边形的尺规作图问题.第五卷对欧多克斯的比例理论作了精彩的解释，被认为是最重要的数学杰作之一.第七、八、九卷讨论的是初等数论，给出了求两个或多个整数的最大公因子的“欧几里德算法”，讨论了比例、几何级数，还给出了许多关于数论的重要定理.第十卷讨论无理量，即不可公度的线段，是很难读懂的一卷.最后三卷，即第十一、十二和十三卷，论述立体几何.目前中学几何课本中的内容，绝大多数都可以在《几何原本》中找到.

《几何原本》的重要性并不在于书中提出的哪一条定理.书中提出的几乎所有的定理在欧几里德之前就已经为人知晓，使用的许多证明亦是如此.欧几里德的伟大贡献在于他将这些材料作了整理，并在书中作了全面的系统阐述.这包括首次对公理和公设作了适当的选择（这是非常困难的工作，需要超乎寻常的判断力和洞察力）.然后，他仔细地将这些定理作了安排，使每一个定理与以前的定理在逻辑上前后一致.在需要的地方，他对缺少的步骤和不足的证明也作了补充.《几何原本》影响之深远，使得“欧几里德”与“几何学”几乎成了同义语.它集中体现了希腊数学所奠定的数学思想、数学精神，是人类文化遗产中的一块瑰宝.

《几何原本》问世，标志着欧氏几何学的建立.这部科学著作是发行最广而且使用时间最长的书.后又被译成多种文字，共有两千多种版本.它的问世是整个数学发展史上意义极其深远的大事，也是整个人类文明史上的里程碑.两千多年来，这部著作在几何教学中一直占据着统治地位，至今其地位也没有被动摇，包括我国在内的许多国家仍以它为基础作为几何教材.

（摘自《中国基础教育网》数学史料）

第二章　直　　线

在初中我们已经对平面直角坐标系有了初步的了解，知道了如何用一对有序实数来表示平面上一点的位置，反之，对于任何一个有序实数对，在平面内都可以唯一确定一个点. 这里我们将进一步讨论如何用代数的方法来研究平面内的直线及直线的性质. 本章先介绍两个重要公式，然后学习直线方程的概念及直线的有关性质.

第一节　一次函数与直线

一、两个重要公式

1. 两点间的距离公式

在平面上，将 A、B 两点间的距离记为 $|AB|$，表示线段 AB 的长度. 利用两点的坐标，就可将平面内两点间的距离求出.

设 A、B 为数轴上两点，坐标分别是 x_1 和 x_2，若 $x_1>x_2$，则 $|AB|=x_1-x_2$；若 $x_2>x_1$，则 $|AB|=x_2-x_1$. 显然不论这两点的相对位置如何，都有

$$|AB|=|x_2-x_1|.$$

如图 2-1 所示，A 点坐标为 -2，B 点坐标为 3，则 $|AB|=|3-(-2)|=5$，即 A、B 两点间的距离为 5.

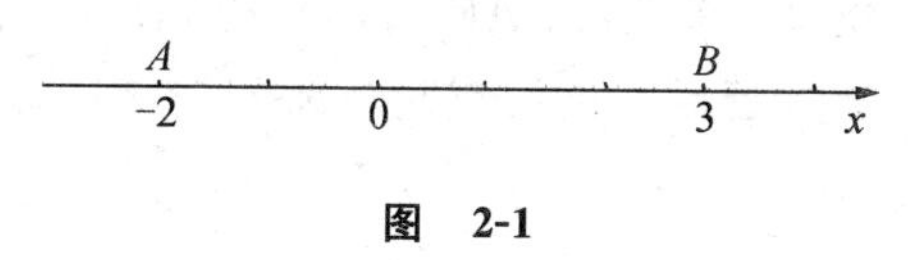

图　2-1

设 $P_1(x_1,y_1)$、$P_2(x_2,y_2)$ 是平面内任意两点（如图 2-2 所示），从 P_1、P_2 分别向 x 轴和 y 轴作垂线 P_1M_1、P_1N_1 和 P_2M_2、P_2N_2，垂足分别是 $M_1(x_1,0)$、$N_1(0,y_1)$、$M_2(x_2,0)$、$N_2(0,y_2)$，并设直线 P_1N_1 和 P_2M_2 交于点 Q. 则在直角△P_1QP_2 中，

$$|P_1P_2|^2=|P_1Q|^2+|QP_2|^2,$$

而

$$|P_1Q|=|M_1M_2|=|x_2-x_1|,$$
$$|QP_2|=|N_1N_2|=|y_2-y_1|,$$

所以

$$|P_1P_2|^2=|x_2-x_1|^2+|y_2-y_1|^2.$$

由此得到**两点 $P_1(x_1,y_1)$、$P_2(x_2,y_2)$ 间的距离公式**

$$|P_1P_2|=\sqrt{(x_2-x_1)^2+(y_2-y_1)^2}. \tag{2-1}$$

例 1　已知点 P 纵坐标为 1，且点 P 与点 $A(1,-2)$ 的距离等于 5. 求点 P 的坐标.

解　设点 P 的坐标为 $(x,1)$，根据 $|AP|=5$，得

$$\sqrt{(x-1)^2+[1-(-2)]^2}=5,$$

即

$$\sqrt{(x-1)^2+9}=5,$$

两边平方，得

$$(x-1)^2+9=25,$$

解得

$$x_1=5, x_2=-3.$$

经检验，这两个值都是原方程的根. 因此点 P 的坐标为 $(5,1)$ 或 $(-3,1)$（如图 2-3 所示）.

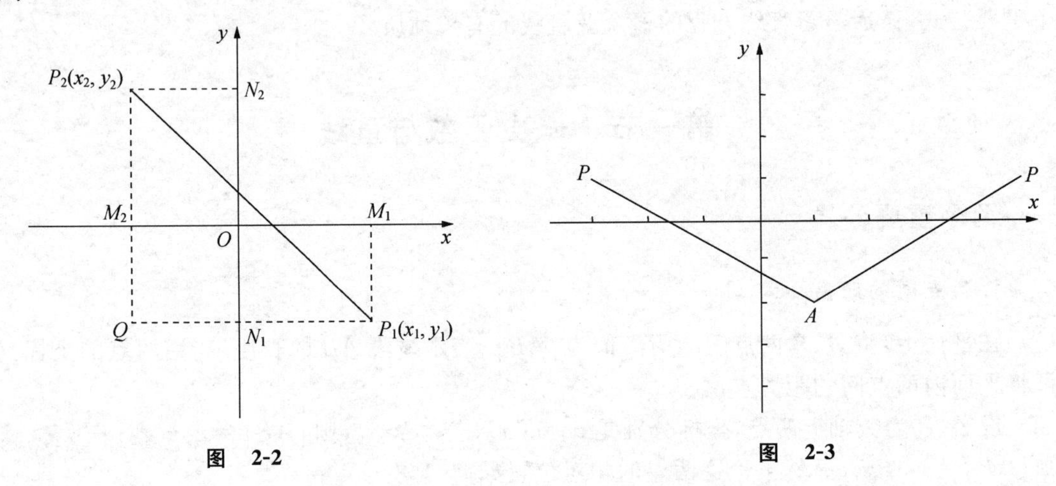

图 2-2　　图 2-3

例 2　求证：以 $A(-1,0)$、$B(1,2\sqrt{3})$、$C(3,0)$ 为顶点的三角形是等边三角形.

证明　由两点间距离公式，得

$$|AB|^2=(-1-1)^2+(0-2\sqrt{3})^2=16,$$
$$|BC|^2=(1-3)^2+(2\sqrt{3}-0)^2=16,$$
$$|AC|^2=(-1-3)^2+(0-0)^2=16,$$

显然有

$$|AC|=|AB|=|BC|.$$

所以 $\triangle ABC$ 是等边三角形.

2. 线段的中点坐标公式

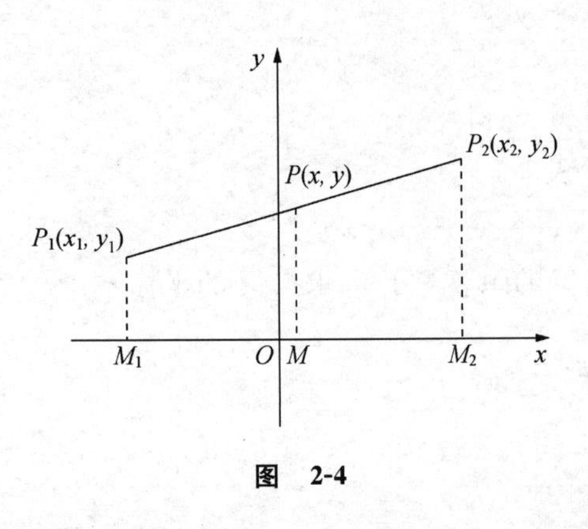

图 2-4

如图 2-4 所示，设线段 P_1P_2 的两个端点坐标分别是 $P_1(x_1, y_1)$、$P_2(x_2, y_2)$，点 $P(x, y)$ 为线段 P_1P_2 的中点，从 P_1、P 和 P_2 分别作 y 轴的平行线，交 x 轴于点 M_1、M 和 M_2.

由平面图形的性质，得

$$|M_1M|=|MM_2|,$$

即

$$|x-x_1|=|x_2-x|,$$

由图 2-4 可以知道

$$x-x_1>0,\ x_2-x>0,$$

所以

$$x-x_1=x_2-x,$$

从而

$$x=\frac{x_1+x_2}{2}.$$

同样,若从 P_1、P 和 P_2A 分别作 x 轴的平行线,则

$$y=\frac{y_1+y_2}{2}.$$

由此得到点 $P_1(x_1,y_1)$ 和 $P_2(x_2,y_2)$ 之间所连线段的中点 P 的坐标为

$$x=\frac{x_1+x_2}{2},\quad y=\frac{y_1+y_2}{2}. \tag{2-2}$$

上式称为线段 P_1P_2 的**中点坐标公式**.

例 3　已知线段 AB 的中点坐标是 $(2,-3)$,端点 A 的坐标是 $(4,1)$,求端点 B 的坐标.

解　设端点 B 的坐标为 (x,y),由中点坐标公式,得

$$2=\frac{4+x}{2},\quad -3=\frac{1+y}{2},$$

解得

$$x=0,\quad y=-7,$$

即端点 B 的坐标为 $(0,-7)$.

例 4　已知三角形的顶点是 $A(-2,-3)$、$B(4,-1)$、$C(-1,1)$,求此三角形两条中线 AD 和 CE 的长度(如图 2-5 所示).

解　设 AB 的中点为 $E(x_1,y_1)$,BC 的中点为 $D(x_2,y_2)$,则由中点坐标公式,得

$$x_1=\frac{-2+4}{2}=1,\quad y_1=\frac{-3+(-1)}{2}=-2,$$

$$x_2=\frac{-1+4}{2}=\frac{3}{2},\quad y_2=\frac{-1+1}{2}=0,$$

所以 E 的坐标为 $(1,-2)$,D 的坐标为 $\left(\frac{3}{2},0\right)$.

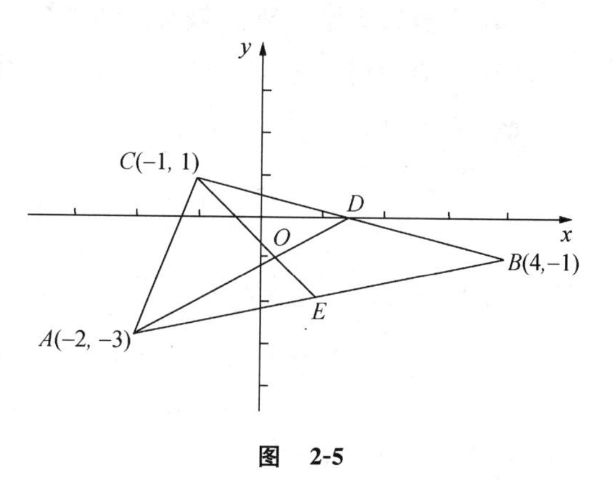

图　2-5

再根据两点间距离公式,可求得两条中线的长度分别为

$$|AD|=\sqrt{\left[\frac{3}{2}-(-2)\right]^2+[0-(-3)]^2}=\frac{1}{2}\sqrt{85},$$

$$|CE|=\sqrt{[1-(-1)]^2+(-2-1)^2}=\sqrt{13}.$$

二、直线方程

我们知道,在平面直角坐标系中,一次函数 $y=kx+b$ 的图像是一条直线,这条直线是以满足 $y=kx+b$ 的每一组 x、y 的值为坐标的点构成的.

引例 2.1　函数 $y=2x+2$ 的图像是直线 l(如图 2-6 所示).这时,以满足函数式 $y=2x+2$ 的每一对 x、y 的值为坐标的点都在直线 l 上;反过来,直线 l 上每一点的坐标都满足函

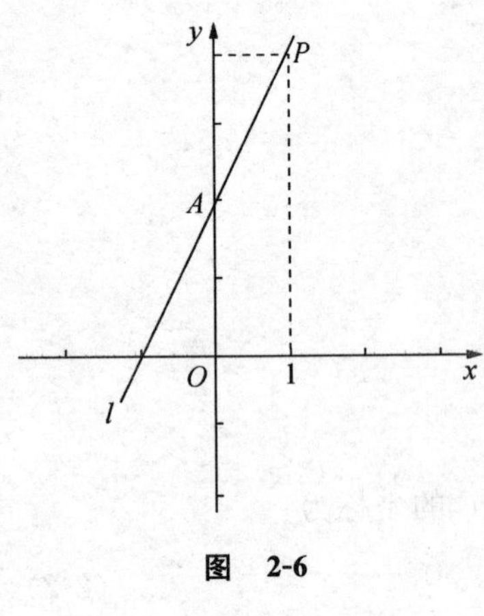

图 2-6

数式 $y=2x+2$.

如数对(0,2)满足函数式 $y=2x+2$,在直线 l 上就有一点 A,它的坐标是(0,2);反之,若直线 l 上点 P 的坐标是(1,4),数对(1,4)就满足函数式 $y=2x+2$.

一般地,一次函数 $y=kx+b$ 的图像是一条直线 l,这个函数和直线 l 之间具有如下关系:以满足函数 $y=kx+b$ 的每一组 x、y 的值为坐标的点都在直线 l 上;直线 l 上的任何点,它的坐标 (x,y) 都满足函数关系式 $y=kx+b$.

由于函数 $y=kx+b$ 也可以看成是一个关于 x、y 的二元一次方程,即 $kx-y+b=0$,因此这个方程和直线 l 也具有下列关系:

(1) 以方程 $kx-y+b=0$ 的每一组解 x、y 为坐标的点都在直线 l 上;

(2) 直线 l 上的任何点的坐标都是方程 $kx-y+b=0$ 的解.

我们把满足上述条件的二元一次方程称为**直线 l 的方程**,直线 l 称为这个**方程的直线**.

利用直线与方程的这种关系,若已知直线的方程及直线上某点的一个坐标,则可以求出直线上该点的另一个坐标,也可以验证某一点是否在直线上.

例 5 已知直线 l 的方程为 $3x-4y+12=0$.

(1) 判断点 $P_1\left(-2,\frac{3}{2}\right)$ 和 $P_2(-1,2)$ 是否在直线 l 上;

(2) 求直线 l 与 x 轴、y 轴交点的坐标;

(3) 若点 $A(4,m)$ 在直线 l 上,求 m 的值.

解 (1) 把点 $P_1\left(-2,\frac{3}{2}\right)$ 的坐标代入方程 $3x-4y+12=0$,得

$$\text{左边}=3\times(-2)-4\times\frac{3}{2}+12=0=\text{右边},$$

所以点 $P_1\left(-2,\frac{3}{2}\right)$ 在直线 l 上.

把点 $P_2(-1,2)$ 的坐标代入方程 $3x-4y+12=0$,得

$$\text{左边}=3\times(-1)-4\times2+12=1\neq0=\text{右边},$$

即方程两边不相等,所以点 $P_2(-1,2)$ 不在直线 l 上.

(2) 将 $y=0$ 代入方程 $3x-4y+12=0$,得

$$3x+12=0,$$

$$x=-4,$$

即直线与 x 轴的交点坐标为(−4,0).

将 $x=0$ 代入方程 $3x-4y+12=0$,得

$$-4y+12=0,$$

$$y=3,$$

即直线与 x 轴的交点坐标为(0,3).

(3) 把点 $A(4,m)$ 代入方程 $3x-4y+12=0$,得

$$3\times4-4\times m+12=0,$$

所以

$$m=6.$$

三、直线的倾斜角、斜率和截距

1. 直线的倾斜角

直线 l 向上的方向与 x 轴正方向所成的最小正角称为**直线 l 的倾斜角**. 如图 2-7 所示，角 α_1 是直线 l_1 的倾斜角，角 α_2 是直线 l_2 的倾斜角.

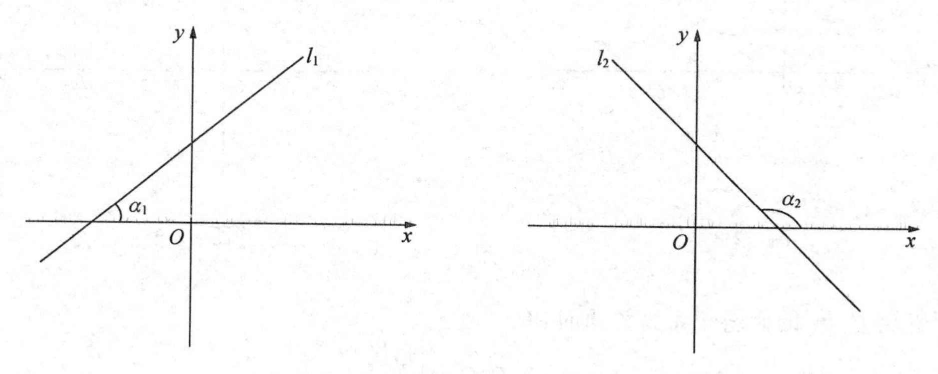

图 2-7

当直线与 x 轴平行或重合时，我们规定它的倾斜角为 0°；当直线与 x 轴垂直时，它的倾斜角为 90°. 因此平面内任意一条直线都有唯一确定的倾斜角 α，α 的取值范围是 $0°\leqslant\alpha<180°$（或 $0\leqslant\alpha<\pi$）.

2. 直线的斜率

倾斜角不是 90°的直线，它的倾斜角的正切叫做这条**直线的斜率**. 直线的斜率常用 k 表示，即

$$k = \tan\alpha. \tag{2-3}$$

根据直线倾斜角的取值范围，直线的斜率有下面四种情形：

(1) 当 $\alpha=0°$时（直线平行或重合于 x 轴），$k=\tan\alpha=0$；

(2) 当 α 为锐角时，$k=\tan\alpha>0$；

(3) 当 α 为钝角时，$k=\tan\alpha<0$；

(4) 当 $\alpha=90°$时（直线垂直于 x 轴），因为 $\tan 90°$不存在，所以斜率 k 不存在.

想一想：是不是所有的直线都有倾斜角？是不是所有直线都有斜率？

例 6 如图 2-8 所示，求直线 l 的倾斜角和斜率.

解 根据直线的倾斜角的概念，可得所求直线 l 的倾斜角为

$$\alpha=180°-45°=135°,$$

斜率为

$$k=\tan 135°=-1.$$

倾斜角不同的直线，其斜率也不同，我们常用斜率来表示倾斜角不等于 90°的直线对于 x 轴的倾斜程度.

我们知道，两点确定一条直线，如果知道了直线上两点的坐标，那么，这条直线的斜率（只要它存在）就可以计算出来.

如图2-9所示，设直线 l 上两点 P_1、P_2 的坐标分别是 (x_1,y_1)、(x_2,y_2)，直线 l 的倾斜角 $\alpha\neq 90°$（即 $x_1\neq x_2$），从 P_1、P_2 两点分别作 x 轴的垂线 P_1M_1、P_2M_2，M_1、M_2 是垂足，再作 $P_1Q\perp P_2M_2$ 交 P_2M_2 于点 Q.

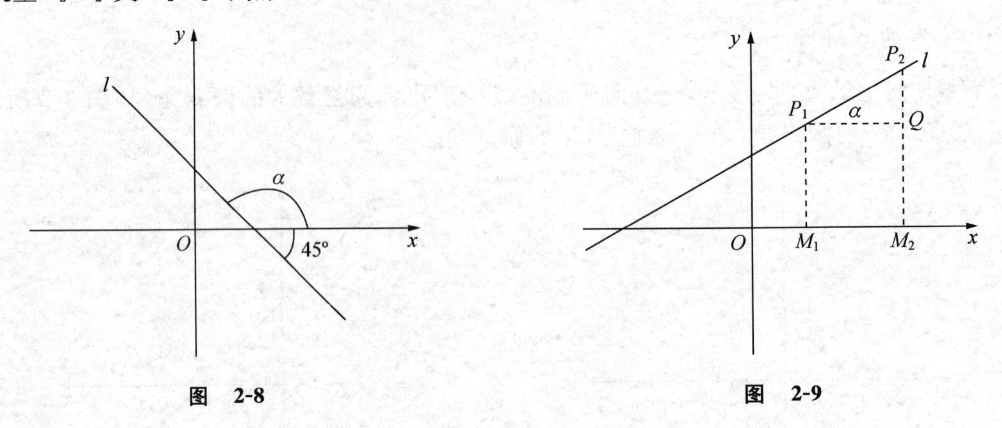

图 2-8　　　　图 2-9

当直线 P_1P_2 的倾斜角 α 为锐角时，有

$$k=\tan\alpha=\tan\angle P_2P_1Q=\frac{|QP_2|}{|P_1Q|}=\frac{y_2-y_1}{x_2-x_1}.$$

可以证明，当 α 为钝角时，以上结论也成立.

因此可知，经过两点 $P_1(x_1,y_1)$、$P_2(x_2,y_2)$ 的直线的斜率公式为

$$k=\frac{y_2-y_1}{x_2-x_1}\ (x_1\neq x_2). \tag{2-4}$$

当 $x_1=x_2$ 时，公式的右端无意义，即直线的斜率不存在，易知其倾斜角 $\alpha=90°$，此时的直线垂直于 x 轴.

斜率 k 求得后，即可根据 $0°\leqslant\alpha<180°$ 求出直线的倾斜角.

例 7　求经过 $A(-4,0)$、$B(2,2\sqrt{3})$ 两点的直线的斜率和倾斜角.

解　由公式(2-4)，得

$$k=\frac{2\sqrt{3}-0}{2-(-4)}=\frac{\sqrt{3}}{3},$$

即

$$\tan\alpha=\frac{\sqrt{3}}{3},$$

再结合倾斜角取值范围

$$0°\leqslant\alpha<180°,$$

得

$$\alpha=30°.$$

因此，这条直线的斜率是 $\frac{\sqrt{3}}{3}$，倾斜角是 30°.

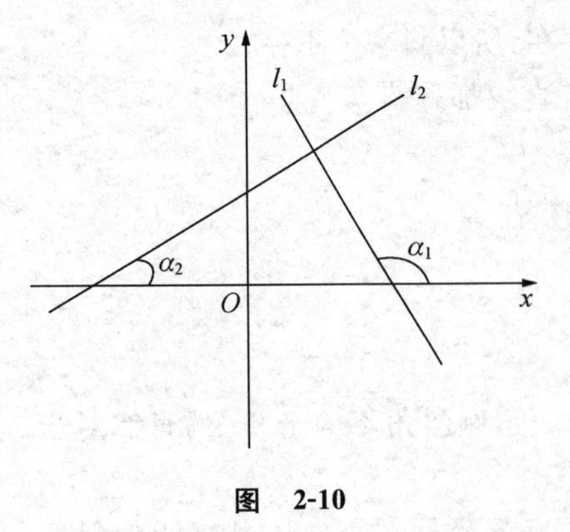

图 2-10

例 8　如图2-10所示，直线 l_1 的倾斜角 $\alpha_1=120°$，直线 $l_2\perp l_1$，求 l_1、l_2 的斜率.

解　l_1 的斜率为

$$k_1=\tan 120°=-\sqrt{3},$$

因为直线 $l_2 \perp l_1$，所以 l_2 的倾斜角为

$$\alpha_2=\alpha_1-90°=120°-90°=30°,$$

所以 l_2 的斜率为

$$k_2=\tan 30°=\frac{\sqrt{3}}{3}.$$

例 9　求证：三点 $A(0,1)$、$B(2,5)$、$C(-2,-3)$ 在同一条直线上.

证明　设线段 AB、AC 所在直线的斜率分别是 k_{AB}、k_{AC}，倾斜角分别是 α_1、α_2，则由已知条件，得

$$k_{AB}=\frac{5-1}{2-0}=2,$$

$$k_{AC}=\frac{-3-1}{-2-0}=2,$$

所以

$$k_{AB}=k_{AC},$$

因此

$$\tan\alpha_1=\tan\alpha_2,$$

而 $0°\leqslant\alpha_1<180°$，$0°\leqslant\alpha_2<180°$，所以

$$\alpha_1=\alpha_2.$$

又因为它们经过同一点 A，所以这两条直线重合，也就是说 A、B、C 三点在同一条直线上.

3. 直线的截距

如果直线 l 与 x 轴交于点 $(a,0)$，与 y 轴交于点 $(0,b)$（如图 2-11 所示），那么数 a 叫做直线 l 的**横截距**（或叫做直线 l 在 x 轴上的截距），数 b 叫做直线 l 的**纵截距**（或叫做直线 l 在 y 轴上的截距）.

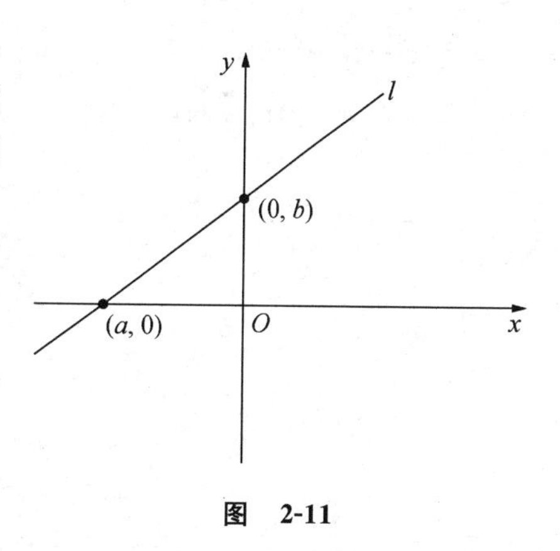

图　2-11

应当注意："截距"不是距离，也不是长度，它是可正可负也可为零的任意实数.

例如，在直线 $x-2y+3=0$ 中，令 $x=0$ 得 $y=\frac{3}{2}$，令 $y=0$，得 $x=-3$，所以该直线的纵截距 $b=\frac{3}{2}$，横截距 $a=-3$.

平行于 x 轴的直线没有横截距，平行于 y 轴的直线没有纵截距，过原点的直线的横截距和纵截距均为零.

习 题 2-1

1. 求下列两点间的距离.

(1) $\left(-\frac{1}{2},1\right)$，$\left(-8\frac{1}{2},-3\right)$；　　(2) $\left(\frac{\sqrt{3}}{2},-\frac{\sqrt{2}}{2}\right)$，$\left(-\frac{\sqrt{2}}{2},-\frac{\sqrt{3}}{2}\right)$；

(3) $(ab^2,2abc)$，$(ac^2,0)$.

2.(1) 已知点 $A(a,-5)$ 和 $B(0,10)$ 的距离是 17，求 a 的值.

(2) 已知点 P 在 y 轴上，并且与点 $A(4,-6)$ 的距离是 5，求点 P 的坐标.

(3) 求 x 轴上和点 $A(6,4)$、$B(5,-3)$ 距离相等的点的坐标.

3.求连接下列两点的线段的中点坐标.

(1) $(3,2)$，$(7,4)$；　(2) $(-3,1)$，$(2,7)$；　(3) $(2,8)$，$(0,-2)$.

4.连接两点 $P_1(2,y)$ 和 $P_2(x,6)$ 的线段的中点坐标是 $P(3,2)$，求 x、y.

5.已知△ABC 的顶点为 $A(3,3)$、$B(-1,1)$、$C(0,3)$，求△ABC 三条中线的长度.

6.已知直线 l 的方程为 $2x+y-3=0$，(1) 判断点 $M_1\left(\frac{1}{2},2\right)$ 和 $M_2(1,2)$ 是否在直线 l 上；(2) 求直线 l 与坐标轴交点的坐标.

7.根据下列条件，能否判定直线 AB 的斜率的正负？

(1) 点 A 在第一象限，点 B 在第三象限；

(2) 点 A 在第二象限，点 B 在第四象限；

(3) 点 A 在第一象限，点 B 在第二象限.

8.求经过下列两点的直线的斜率和倾斜角，并画出图形.

(1) $A(4,2)$，$B(10,-4)$；　(2) $C(0,0)$，$D(-1,\sqrt{3})$；

(3) $M(-\sqrt{3},\sqrt{2})$，$N(-\sqrt{2},\sqrt{3})$；　(4) $C(2,-5)$，$D(2,8)$.

9.(1) 当 m 为何值时，经过两点 $A(-m,6)$、$B(1,3m)$ 的直线的斜率是 12；

(2) 当 m 为何值时，经过两点 $A(m,2)$、$B(-m,2m-1)$ 的直线的倾斜角是 $60°$.

10.设直线 AB 倾斜角等于由 $C(2,-2)$、$D(4,2)$ 两点所确定直线的倾斜角的 2 倍，求直线 AB 的斜率.

11.判断下列各题中的三点是不是在同一条直线上.

(1) $A(0,-3)$，$B(-4,1)$，$C(1,-1)$；

(2) $A(a-b,c-a)$，$B(0,0)$，$C(b-a,a-c)$.

12.若三点 $A(-2,3)$，$B(3,-2)$，$C\left(\frac{1}{2},m\right)$ 共线，求 m 的值.

13.求下列直线的横截距和纵截距.

(1) $2x+y-3=0$；　(2) $y+3=0$；　(3) $x-2=0$.

第二节　直线的方程

在平面内，要确定一条直线，必须具备两个独立的条件，从前面的学习知道，若给定了直线的斜率，就是给定了它的方向，但还不能确定直线的位置，还需再给一个条件．下面将讨论如何利用斜率和其他条件建立直线的方程.

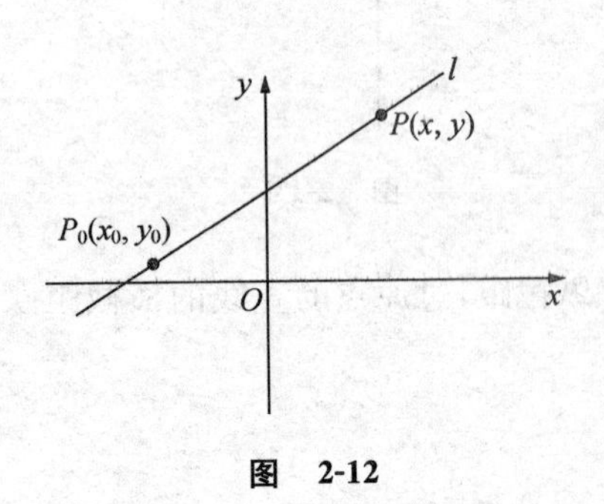

图　2-12

一、直线的点斜式方程

已知直线 l 经过点 $P_0(x_0,y_0)$，斜率为 k，求直线 l 的方程(如图 2-12 所示).

设点 $P(x,y)$ 是直线 l 上不同于点 $P_0(x_0,y_0)$ 的任意一点，根据直线的斜率公式，得

$$\frac{y-y_0}{x-x_0}=k,$$

即

$$y-y_0=k(x-x_0). \tag{2-5}$$

可以证明，直线 l 上的每个点的坐标都是方程(2-5)的解；反过来以这个方程的解为坐标的点都在直线 l 上，因此，这个方程就是所求的直线方程.

方程(2-5)是由直线上一点和斜率确定的，通常叫做**直线的点斜式方程**.

例 1　求经过点 $P(0,1)$，倾斜角为$\frac{3\pi}{4}$的直线方程.

解　所求直线的斜率为

$$k=\tan\frac{3\pi}{4}=-1,$$

代入直线的点斜式方程，得

$$y-1=-1\times(x-0),$$

即所求直线的方程为

$$x+y-1=0.$$

下面讨论两种特殊情形的直线方程.

(1) 直线 l 经过点 $P_0(x_0,y_0)$且倾斜角为 0°(如图 2-13 所示).

这时 $k=\tan0°=0$，由点斜式方程，得

$$y-y_0=0(x-x_0),$$

即

$$y=y_0.$$

特别地，x 轴的方程是 $y=0$.

(2) 直线 l 经过点 $P_0(x_0,y_0)$且倾斜角为 90°(如图 2-14 所示).

这时，直线 l 与 y 轴平行或重合，直线的斜率不存在，它的方程不能用点斜式表示，但因为 l 上每一点的横坐标都等于 x_0，所以它的方程是

$$x=x_0.$$

特别地，y 轴的方程是 $x=0$.

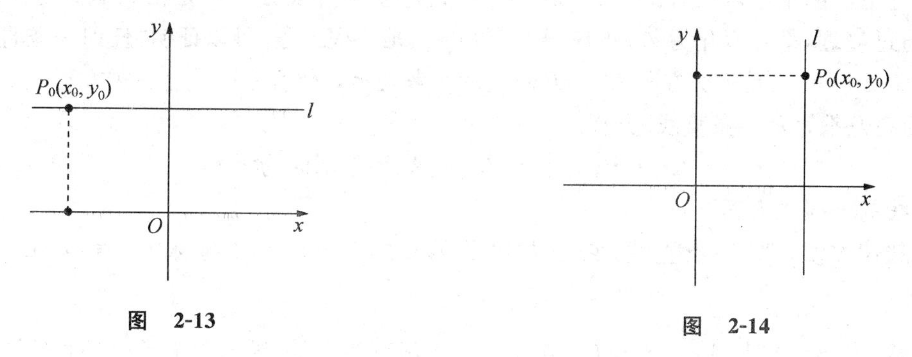

图　2-13　　　　图　2-14

二、直线的斜截式方程

若已知直线 l 的斜率是 k，纵截距是 b，即该直线与 y 轴的交点是 $P(0,b)$(如图 2-15 所示)，代入直线的点斜式方程，得直线 l 的方程为

$$y-b=k(x-0),$$

即

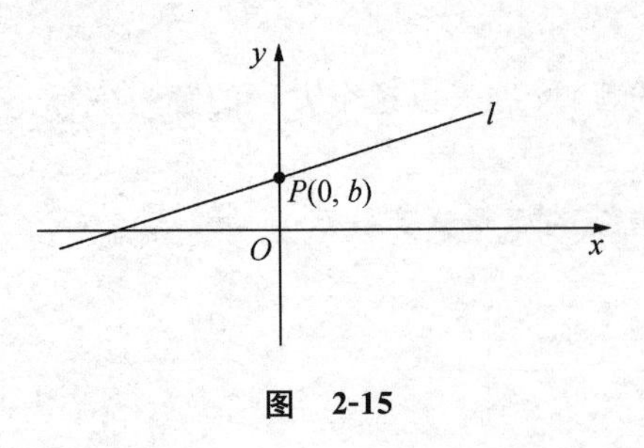

图 2-15

$$y = kx + b, \tag{2-6}$$

这个方程称为**直线的斜截式方程**.

例 2 求经过两点 $A(0,2)$、$B(3,4)$的直线方程.

解 由斜率公式,得

$$k=\frac{4-2}{3-0}=\frac{2}{3},$$

点 $A(0,2)$是直线与 y 轴的交点,所以直线的纵截距 $b=2$,由直线的斜截式方程,得

$$y=\frac{2}{3}x+2,$$

即所求直线的方程为

$$2x-3y+6=0.$$

例 3 已知直线 l 的横截距为 a,纵截距为 b,求直线 l 的方程.

解 根据题意,显然直线 l 通过点 $A(a,0)$和 $B(0,b)$,则该直线的斜率为 $k=-\frac{b}{a}$,由直线的斜截式方程,得

$$y=-\frac{b}{a}x+b,$$

整理得

$$\frac{x}{a}+\frac{y}{b}=1.$$

我们称方程$\frac{x}{a}+\frac{y}{b}=1$ 为**直线的截距式方程**.

三、直线的一般式方程

通过上面的学习可以看出,无论是由点斜式建立的直线方程还是由斜截式建立的直线方程,通过整理,都可以化为 $Ax+By+C=0$ 的二元一次方程. 可以证明,任何一条直线都可以用关于 x、y 的二元一次方程 $Ax+By+C=0$ 来表示,而每一个二元一次方程 $Ax+By+C=0$ 的图像都表示一条直线. 方程

$$Ax + By + C = 0 \quad (A\text{、}B\text{ 不同时为零}) \tag{2-7}$$

叫做**直线的一般式方程**.

为叙述方便,把“一条直线,它的方程是 $Ax+By+C=0$”简称为“直线 $Ax+By+C=0$”.

显然,当 $B\neq0$ 时,$Ax+By+C=0$ 表示一条斜率为$-\frac{A}{B}$、纵截距为$-\frac{C}{B}$的直线;当 $B=0$ 时,$Ax+By+C=0$ 表示一条垂直于 x 轴的直线 $x=-\frac{C}{A}$.

例 4 已知直线 l 经过点 $A(2,-3)$,斜率为$-\frac{1}{2}$,求直线 l 的点斜式、截距式和一般式方程.

解 经过点 $A(2,-3)$,并且斜率等于$-\frac{1}{2}$的直线的点斜式方程是

$$y-(-3)=-\frac{1}{2}(x-2),$$

化成截距式为

$$\frac{x}{-4}+\frac{y}{-2}=1,$$

化成一般式为

$$x+2y+4=0.$$

例 5　把直线 l 的方程 $x-2y+4=0$ 化为斜截式方程，求出直线 l 的斜率和它在 x 轴与 y 轴上的截距，并画图.

解　将原方程化为

$$2y=x+4,$$

两边除以 2，得斜截式方程为

$$y=\frac{1}{2}x+2,$$

因此，直线 l 的斜率 $k=\frac{1}{2}$，它在 y 轴上的截距是 2，在上面方程中令 $y=0$，得

$$x=-4.$$

即直线 l 在 x 轴上的截距是 -4.

画一条直线时，只要找出这条直线上的任意两点就可以了，通常是找出直线与两个坐标轴的交点，上面已经求得直线 l 与 x 轴、y 轴的交点为 $A(-4,0)$、$B(0,2)$，过点 A、B 作直线，就得直线 l(如图 2-16 所示).

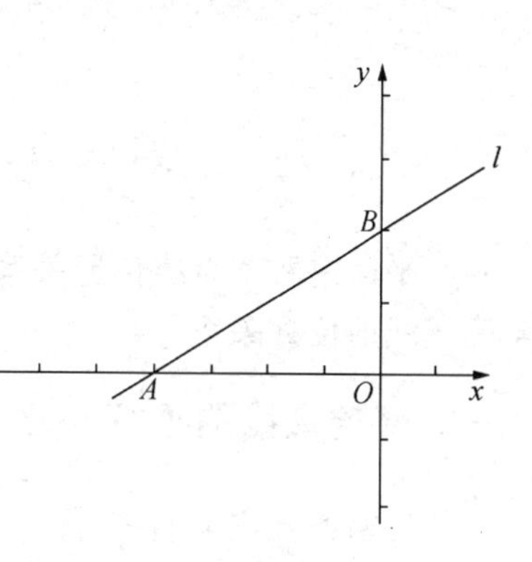

图　2-16

习 题 2-2

1. 写出下列直线的点斜式方程，并画出图形.

(1) 经过点 $A(2,5)$，斜率是 4；

(2) 经过点 $B(3,-1)$，斜率是 $\sqrt{2}$；

(3) 经过点 $C(-\sqrt{2},2)$，倾斜角是 30°；

(4) 经过点 $D(0,3)$，倾斜角是 0°；

(5) 经过点 $E(4,-2)$，倾斜角是 120°.

2. 根据下列条件求直线方程，并画出图形.

(1) 在 x 轴上的截距是 2，在 y 轴上的截距是 3；

(2) 在 x 轴上的截距是 -5，在 y 轴上的截距是 6.

3. 根据下列条件，写出直线的方程，并且化成一般式.

(1) 经过点 $B(4,2)$，平行于 x 轴；

(2) 斜率是 $-\frac{1}{2}$，经过点 $A(8,-2)$；

(3) 在 x 轴和 y 轴上的截距分别是 $\frac{3}{2}$ 和 -3；

(4) 经过两点 $P_1(3,-2)$、$P_2(5,-4)$；

(5) 过点 $B(-2,0)$ 且与 x 轴垂直；

(6) 在 y 轴上的截距是 2 且与 x 轴平行.

4. 当 m 为何值时，直线 $(2m^2+m-3)x+(m^2-m)y-4m+1=0$，

(1) 倾斜角为 $45°$；

(2) 在 x 轴上的截距为1；

(3) 与 x 轴平行.

5. 已知直线的斜率 $k=2$，$P_1(3,5)$、$P_2(x_2,7)$、$P_3(-1,y_3)$ 是这条直线上的三个点，求 x_2 和 y_3.

6. 一条直线和 y 轴相交于点 $P(0,2)$，它的倾斜角的正弦是 $\frac{4}{5}$，这样的直线有几条？求其方程.

7. 求过点 $P(2,3)$，并且在两轴上的截距相等的直线方程.

8. 已知三角形的三个顶点为 $A(0,4)$、$B(-2,-1)$、$C(3,0)$，求：

(1) 三条边所在直线的斜率和倾斜角；

(2) 三条边所在的直线方程；

(3) AB 边的中线方程.

9. 油槽储油 $20\,m^3$，从一管道等速流出，50分钟流完，用直线方程表示油槽里剩余的油量 Q 和流出时间 t 之间的关系，并作出图像.

10. 菱形的两条对角线长分别等于8和6，并且分别位于 x 轴和 y 轴上，求菱形各边所在的直线的方程.

第三节　平面内直线与直线的位置关系

平面内两条直线位置关系有平行、相交（包括垂直）两种情况. 下面利用直线的方程来研究直线的位置关系.

一、两条直线的平行和垂直

1. 两条直线互相平行

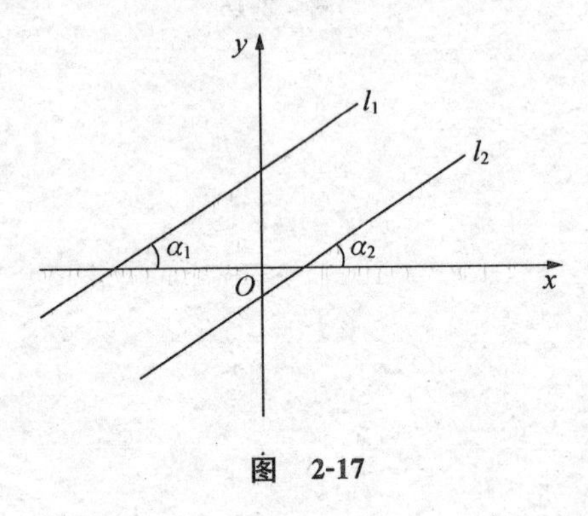

图　2-17

如图2-17所示，设两条直线的方程分别是

$$l_1:\ y=k_1x+b_1,$$
$$l_2:\ y=k_2x+b_2,$$

它们的倾斜角分别是 α_1 和 α_2，如果

$$l_1 /\!/ l_2,$$

那么

$$\alpha_1=\alpha_2 \text{ 且 } b_1\neq b_2,$$

于是

$$\tan\alpha_1=\tan\alpha_2,$$

即

$$k_1=k_2 \text{ 且 } b_1\neq b_2.$$

这就是说，若两直线平行，则它们的斜率相等，纵截距不等.

反之，如果 $k_1=k_2$，$b_1\neq b_2$，即

$$\tan\alpha_1=\tan\alpha_2 \text{ 且 } b_1\neq b_2,$$

又因为

$$0\leqslant\alpha_1<\pi,\quad 0\leqslant\alpha_2<\pi,$$

所以

$$\alpha_1=\alpha_2,$$

于是

$$l_1 /\!/ l_2.$$

也就是说,若两直线斜率相等,纵截距不等,则两直线平行.

这就是说,如果斜率都存在的两条直线互相平行,那么这两直线的斜率相等,纵截距不等,反之亦然.即

$$l_1 /\!/ l_2 \Leftrightarrow k_1=k_2, b_1\neq b_2.$$

对于斜率不存在(即倾斜角为$\frac{\pi}{2}$)的两条直线,只要它们不重合,就必然平行.

想一想:如果一条直线有斜率,另一条直线的斜率不存在,那么它们是否平行呢?为什么?

例 1　已知直线 l_1: $3x+4y-6=0$, l_2: $6x+8y-3=0$,求证 $l_1 /\!/ l_2$.

证明　把直线 l_1 和 l_2 的方程写成斜截式分别为

$$l_1: y=-\frac{3}{4}x+\frac{3}{2},$$

$$l_2: y=-\frac{3}{4}x+\frac{3}{8},$$

于是

$$k_1=k_2, b_1\neq b_2,$$

所以

$$l_1 /\!/ l_2.$$

例 2　求过点 $A(1,-1)$ 且平行于直线 l: $2x-4y+5=0$ 的直线方程.

解　因为直线 l 的斜率是 $-\frac{2}{-4}=\frac{1}{2}$,所求直线与直线 l 平行,因此它的斜率也是$\frac{1}{2}$,代入直线的点斜式方程,可得所求直线的方程为

$$y+1=\frac{1}{2}(x-1),$$

即

$$x-2y-3=0.$$

2. 两条直线互相垂直

如图 2-18 所示,如果 $l_1\perp l_2$ $(k_1\neq 0, k_2\neq 0)$,那么

$$\alpha_2=\frac{\pi}{2}+\alpha_1,$$

$$\tan\alpha_2=\tan\left(\frac{\pi}{2}+\alpha_1\right)$$

$$=-\cot\alpha_1=-\frac{1}{\tan\alpha_1},$$

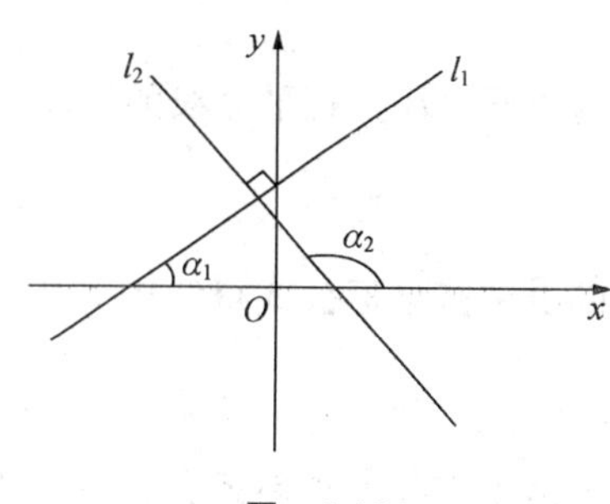

图　2-18

即

$$k_2=-\frac{1}{k_1}\quad 或\quad k_1k_2=-1.$$

反之,如果 $k_2=-\frac{1}{k_1}$,不妨设 $k_2<0$,则 $k_1>0$,因为

$$0\leqslant\alpha_1<\pi,\quad 0\leqslant\alpha_2<\pi,$$

所以

$$0<\alpha_1<\frac{\pi}{2},\quad \frac{\pi}{2}<\alpha_2<\pi,$$

从而$\frac{\pi}{2}<\frac{\pi}{2}+\alpha_1<\pi$. 于是由

$$\tan\alpha_2=-\frac{1}{\tan\alpha_1}=-\cot\alpha_1$$

$$=\tan\left(\frac{\pi}{2}+\alpha_1\right),$$

得

$$\alpha_2=\frac{\pi}{2}+\alpha_1,$$

所以

$$l_1\perp l_2.$$

由上述讨论可知，如果斜率都存在的两条直线互相垂直，那么这两条直线的斜率之积为-1，反之亦然. 即

$$l_1\perp l_2\Leftrightarrow k_1k_2=-1.$$

想一想：如果两条直线中有一条直线的斜率不存在，那么它们垂直的条件是什么？

例3 已知两条直线

$$l_1: 3x+y-2=0,$$

$$l_2: 2x-6y+5=0,$$

求证：$l_1\perp l_2$.

证明 由已知得直线 l_1 的斜率 $k_1=-3$，l_2 的斜率 $k_2=\frac{1}{3}$，于是

$$k_1k_2=-3\times\frac{1}{3}=-1,$$

所以 $l_1\perp l_2$.

例4 已知线段两个端点的坐标分别为 $A(2,-1)$、$B(-4,5)$，求线段 AB 垂直平分线的方程.

解 由斜率公式得 AB 所在直线的斜率为

$$k_{AB}=\frac{5-(-1)}{-4-2}=-1,$$

则线段 AB 垂直平分线的斜率为

$$k=-\frac{1}{k_{AB}}=1.$$

再由中点坐标公式得线段 AB 的中点坐标为

$$\left(\frac{2+(-4)}{2},\frac{-1+5}{2}\right)=(-1,2),$$

于是由直线的点斜式方程得所求线段 AB 垂直平分线的方程为

$$y-2=1\times(x-(-1)),$$

即

$$x-y+3=0.$$

二、两直线的交点

设两条直线的方程分别为

$$l_1: A_1x+B_1y+C_1=0,$$
$$l_2: A_2x+B_2y+C_2=0.$$

如果有 $B_1\neq0,B_2\neq0$,则这两条直线的斜率分别 $k_1=-\frac{A_1}{B_1},k_2=-\frac{A_2}{B_2}$. 我们知道,平面内的两条直线若不平行则必然相交,显然有如下结论:

(1) 当$\frac{A_1}{A_2}\neq\frac{B_1}{B_2}$时,$l_1$ 与 l_2 相交,有一个交点;

(2) 当$\frac{A_1}{A_2}=\frac{B_1}{B_2}\neq\frac{C_1}{C_2}$时,$l_1$ 与 l_2 平行,没有交点;

(3) 当$\frac{A_1}{A_2}=\frac{B_1}{B_2}=\frac{C_1}{C_2}$时,$l_1$ 与 l_2 重合,有无数个交点.

下面我们来分析如何求两条直线的交点.

如果这两条直线交于一点,那么这个交点必同时在这两条直线上,即交点坐标一定是方程组

$$\begin{cases}A_1x+B_1y+C_1=0,\\A_2x+B_2y+C_2=0\end{cases}$$

的解. 反过来,如果此方程组有唯一一组解,则以这组解为坐标的点必是两条直线的交点. 因此,两条直线是否有交点,就要看以上方程组是否有唯一解.

例 5 求下列两条直线的交点.

$$l_1: 2x-3y-7=0,$$
$$l_2: 4x+5y-3=0.$$

解 解方程组$\begin{cases}2x-3y-7=0,\\4x+5y-3=0,\end{cases}$ 得

$$\begin{cases}x=2,\\y=-1.\end{cases}$$

即所求交点的坐标是(2,−1)(如图 2-19 所示).

例 6 判断下列两组直线是否有交点.

(1) $l_1: 3x+2y-5=0, l_2: 9x+6y+12=0$;

(2) $l_1: 3x+2y+4=0, l_2: 9x+6y+12=0$.

解 (1) 因为

$$\frac{3}{9}=\frac{2}{6}\neq\frac{-5}{12},$$

所以由上述结论(2)知此两直线平行,没有交点.

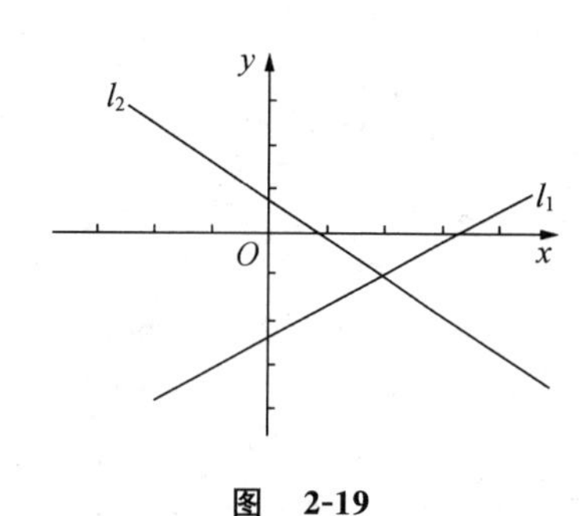

图 2-19

(2) 因为

$$\frac{3}{9}=\frac{2}{6}=\frac{4}{12},$$

所以由上述结论(3)知此两直线重合,有无数多个交点.

例7 某工厂日产某种商品的总成本 y(元)，与该商品日产量 x(件)之间有成本函数 $y=10x+4000$，而该商品出厂价格为每件20元，试问工厂至少日产该商品多少件才不会亏本（即求盈亏转折点）?

解 根据已知条件，该商品日总产值为

$$y=20x,$$

而日总成本为

$$y=10x+4000,$$

它们的图像都是直线（如图2-20所示），设交点为 $A(x_0,y_0)$.

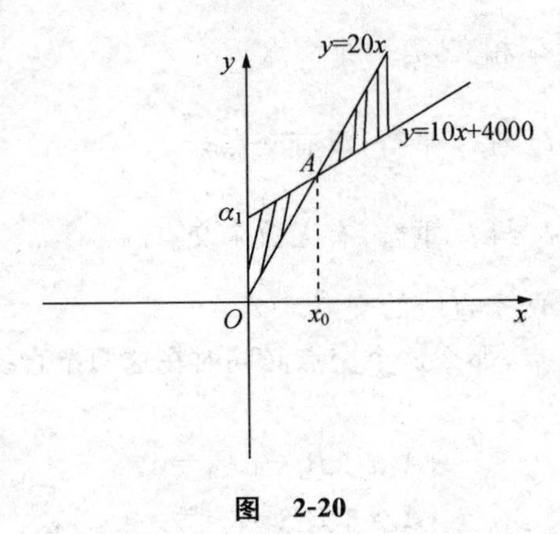

图 2-20

显然，当 $0\leqslant x<x_0$ 时，成本大于产值，这时厂方亏本；而当 $x>x_0$ 时，产值大于成本，这时厂方盈利，所以交点 A 就是厂方盈亏的转折点.

解方程组

$$\begin{cases}y=20x,\\y=10x+4000,\end{cases}$$

得

$$\begin{cases}x_0=400,\\y_0=8000.\end{cases}$$

即当工厂日产该商品至少400件时，日产值为8000元，才不会亏本.

习 题 2-3

1. 判断下列各对直线是否平行或垂直.

(1) $l_1: 3x-2y+4=0$, $l_2: 6x-4y+7=0$;

(2) $l_1: 2y-3=0$, $l_2: y+7=0$;

(3) $l_1: 5x-3y=0$, $l_2: 6x+10y+7=0$;

(4) $l_1: 3x-y-2=0$, $l_2: 2x+6y+7=0$;

(5) $l_1: -2x-3y+3=0$, $l_2: x-2y=0$.

2. 根据下列条件，求直线的方程.

(1) 求过点 $A(1,-4)$，且与直线 $2x+3y+5=0$ 平行；

(2) 经过点 $C(2,-3)$ 且平行于过两点 $M(1,2)$ 和 $N(-1,-5)$ 的直线；

(3) 求过点 $A(2,1)$，且与直线 $2x+y-10=0$ 垂直.

3. 已知直线 l_1、l_2 的方程分别是

$$l_1: A_1x+B_1y+C_1=0, l_2: A_2x+B_2y+C_2=0$$

且 $A_1B_1C_1\neq0, A_2B_2C_2\neq0, A_1B_2-A_2B_1=0, B_1C_2-B_2C_1\neq0$，求证 $l_1 /\!/ l_2$.

4. 已知两点 $A(7,-4)$、$B(-5,6)$，求线段 AB 的垂直平分线的方程.

5. 三角形的三个顶点是 $A(4,0)$、$B(6,7)$、$C(0,3)$，求三角形的边 BC 上的高所在的直线方程.

6. 求满足下列条件的直线方程.

(1) 经过两条直线 $2x-3y+10=0$ 和 $3x+4y-2=0$ 的交点且垂直于直线 $3x-2y+4=0$；

(2) 经过两条直线 $2x+y-8=0$ 和 $x-2y+1=0$ 的交点且平行于直线 $4x-3y-7=0$；

(3) 经过直线 $y=2x+3$ 和 $3x-y+2=0$ 的交点且垂直于第一条直线.

7. 直线 $ax+2y+8=0$、$4x+3y=10$ 和 $2x-y=10$ 相交于一点，求 a 的值.

8. 若某种产品在市场上的供应数量 Q(万件)与总售价 P(万元)之间的关系为 $P-3Q-5=0$，而需求量 Q(万件)与总售价 P(万元)之间的关系为 $P+3Q-29=0$，试求市场的供需平衡点(即供应和需求的平衡点).

第四节　点到直线的距离

一、点到直线的距离公式

在平面直角坐标系中，如果已知某点 P 的坐标为 (x_0,y_0)，直线 l 的方程是 $Ax+By+C=0$，怎样由点的坐标和直线的方程直接求点 P 到直线 l 的距离呢？下面通过实例来研究这个问题.

引例 2.2　求点 $P_0(3,1)$ 到直线 l: $4x-3y+12=0$ 的距离.

解　如图 2-21 所示，作 $P_0P_1\perp l$，垂足为 P_1，则点 $P_0(3,1)$ 到直线 l 的距离为

$$d=|P_0P_1|.$$

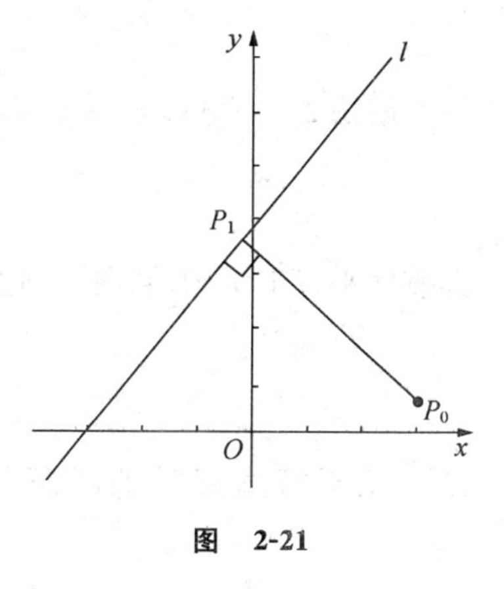

图　2-21

由直线 l 的方程可知其斜率是 $\frac{4}{3}$，所以与直线 l 垂直的直线 P_0P_1 的斜率为

$$k_{P_0P_1}=-\frac{3}{4},$$

则直线 P_0P_1 的方程为

$$y-1=-\frac{3}{4}(x-3),$$

即

$$3x+4y-13=0,$$

解方程组

$$\begin{cases}4x-3y+12=0,\\3x+4y-13=0,\end{cases}$$

得交点 P_1 的坐标为 $\left(-\frac{9}{25},\frac{88}{25}\right)$. 根据两点间距离公式，得

$$d=|P_0P_1|=\sqrt{\left(-\frac{9}{25}-3\right)^2+\left(\frac{88}{25}-1\right)^2}=\frac{21}{5}.$$

利用引例 2.2 的方法可以证明：点 $P_0(x_0,y_0)$ 到直线 $Ax+By+C=0$ 的距离公式为

$$d=\frac{|Ax_0+By_0+C|}{\sqrt{A^2+B^2}}. \tag{2-8}$$

在引例 2.2 中，把 $A=4, B=-3, C=12, x_0=3, y_0=1$ 代入公式(2-8)，得

$$d=\frac{|4\times3-3\times1+12|}{\sqrt{4^2+3^2}}=\frac{21}{5}.$$

显然，由公式计算要简便直接得多.

思考：若点 $P_0(x_0, y_0)$ 到直线 $Ax+By+C=0$ 的距离为 0，那么能得出什么结论？

例 1　求点 $P_0(2,-3)$ 到下列直线的距离：

(1) $3x+4y+4=0$；　(2) $y=-x+1$；　(3) $3y=2$.

解　(1) 由点到直线的距离公式，得

$$d=\frac{|3\times2+4\times(-3)+4|}{\sqrt{3^2+4^2}}=\frac{2}{5}.$$

(2) 将直线方程 $y=-x+1$ 化成一般方程为

$$x+y-1=0,$$

由点到直线的距离公式，得

$$d=\frac{|1\times2+1\times(-3)-1|}{\sqrt{1^2+1^2}}=\sqrt{2}.$$

(3) **解法 1**　将直线方程 $3y=2$ 化成一般方程为

$$3y-2=0,$$

由点到直线的距离公式，得

$$d=\frac{|0\times2+3\times(-3)-2|}{\sqrt{0^2+3^2}}=\frac{11}{3}.$$

解法 2　由方程 $3y=2$，得

$$y=\frac{2}{3},$$

此直线平行于 x 轴，它在 y 轴上的截距是 $\frac{2}{3}$，所以

$$d=\left|\frac{2}{3}-(-3)\right|=\frac{11}{3}.$$

二、两平行直线间的距离

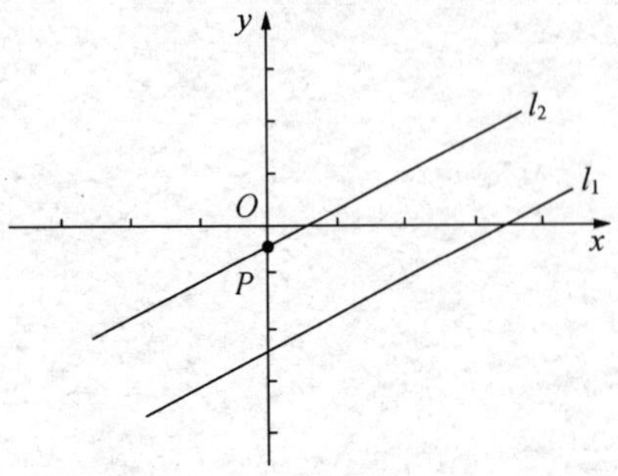

例 2　求平行线 l_1：$2x-3y-7=0$ 和 l_2：$4x-6y-3=0$ 间的距离.

解　由于 $l_1 /\!/ l_2$，所以 l_1、l_2 中任一直线上的任一点到另一直线的距离都相等，在 l_2 上取一点 $P\left(0,-\frac{1}{2}\right)$（如图 2-22 所示），则点 P 到 l_1 的距离为

$$d=\frac{\left|2\times0-3\times\left(-\frac{1}{2}\right)-7\right|}{\sqrt{2^2+3^2}}=\frac{\frac{11}{2}}{\sqrt{13}}=\frac{11\sqrt{13}}{26}.$$

即为两平行线 l_1、l_2 间的距离.

图　2-22

由例 2 可知，求两平行线间的距离可归结为求点到直线间的距离，即在两平行线中的任一条上任取一点，则该点到另一条直线的距离就是这两条平行直线间的距离.

依此法可以证明平行直线 l_1：$Ax+By+C_1=0$ 和 l_2：$Ax+By+C_2=0$ 的距离公式为

$$d=\frac{|C_2-C_1|}{\sqrt{A^2+B^2}}. \tag{2-9}$$

在例 2 中，若首先把 l_1、l_2 方程中 x、y 前面的系数化成一致的，如

$$l_1: 4x-6y-14=0,$$

$$l_2: 4x-6y-3=0,$$

则 $A=4,B=-6,C_1=-14,C_2=-3$，代入公式(2-9)，得

$$d=\frac{|-14-(-3)|}{\sqrt{4^2+6^2}}=\frac{11}{2\sqrt{13}}=\frac{11\sqrt{13}}{26}.$$

习 题 2-4

1. 点 $M(-3,0)$ 到直线 $x-2=0$ 的距离是多少？到直线 $y+3=0$ 的距离又是多少？
2. 求下列点到直线的距离.

   (1) $A(-2,3)$，l：$3x+4y+3=0$；　(2) $B(1,0)$，l：$\sqrt{3}x+y-\sqrt{3}=0$；

   (3) $C(0,0)$，l：$x=y$；　(4) $D(0,0)$，l：$3x+2y-26=0$；

   (5) $E(1,-2)$，l：$4x+3y=0$.
3. 求两平行线 $y-1=0$ 与 $y+2=0$ 的距离.
4. 求下列两条平行线的距离.

   (1) l_1：$2x+3y-8=0$，l_2：$2x+3y+18=0$；

   (2) l_1：$3x+4y=10$，l_2：$3x+4y=0$.
5. 正方形的中心在 $A(-1,0)$，一条边所在的直线方程是 $x+3y-5=0$，求其他三边所在的直线方程.

复 习 题 二

1. 判断题.

   (1) 当 $a=b\neq 0$ 时，直线 $\frac{x}{a}+\frac{y}{b}=1$ 的倾斜角是 135°.　(　　)

   (2) 三条直线 l_1：$3x-4y+1=0$，l_2：$4x+3y+1=0$，l_3：$x-y=0$ 所围成的三角形是直角三角形.　(　　)

   (3) $A(a,b+c)$、$B(b,c+a)$、$C(c,a+b)$ 三点不在同一条直线上.　(　　)

   (4) 以 $A(-4,-2)$、$B(2,0)$、$C(8,6)$、$D(2,4)$ 为顶点的四边形是平行四边形.　(　　)

   (5) 若直线 l_1 与 l_2 的倾角满足关系式 $\alpha_1=2\alpha_2$，则它相应的斜率必满足 $k_1=2k_2$.　(　　)

   (6) 若 $A=3,C=-2$，则直线 $Ax-2y-1=0$ 与 $6x-4y+C=0$ 不能重合.　(　　)

   (7) 设直线 l 的方程是 $y=\left(\sin\frac{\alpha}{2}\right)x+3$. 则它的斜率是 $\sin\frac{\alpha}{2}$，倾斜角是 $\frac{\alpha}{2}$.　(　　)
2. 选择题.

   (1) 设直线 $Ax+By+C=0$ 与两坐标轴都相交，则(　　).

   A. $AB\neq 0$；　B. $A\neq 0$ 或 $B\neq 0$；　C. $C\neq 0$；　D. $B\neq 0$.

   (2) 直线 $3x+2y-1=0$ 的倾斜角是(　　).

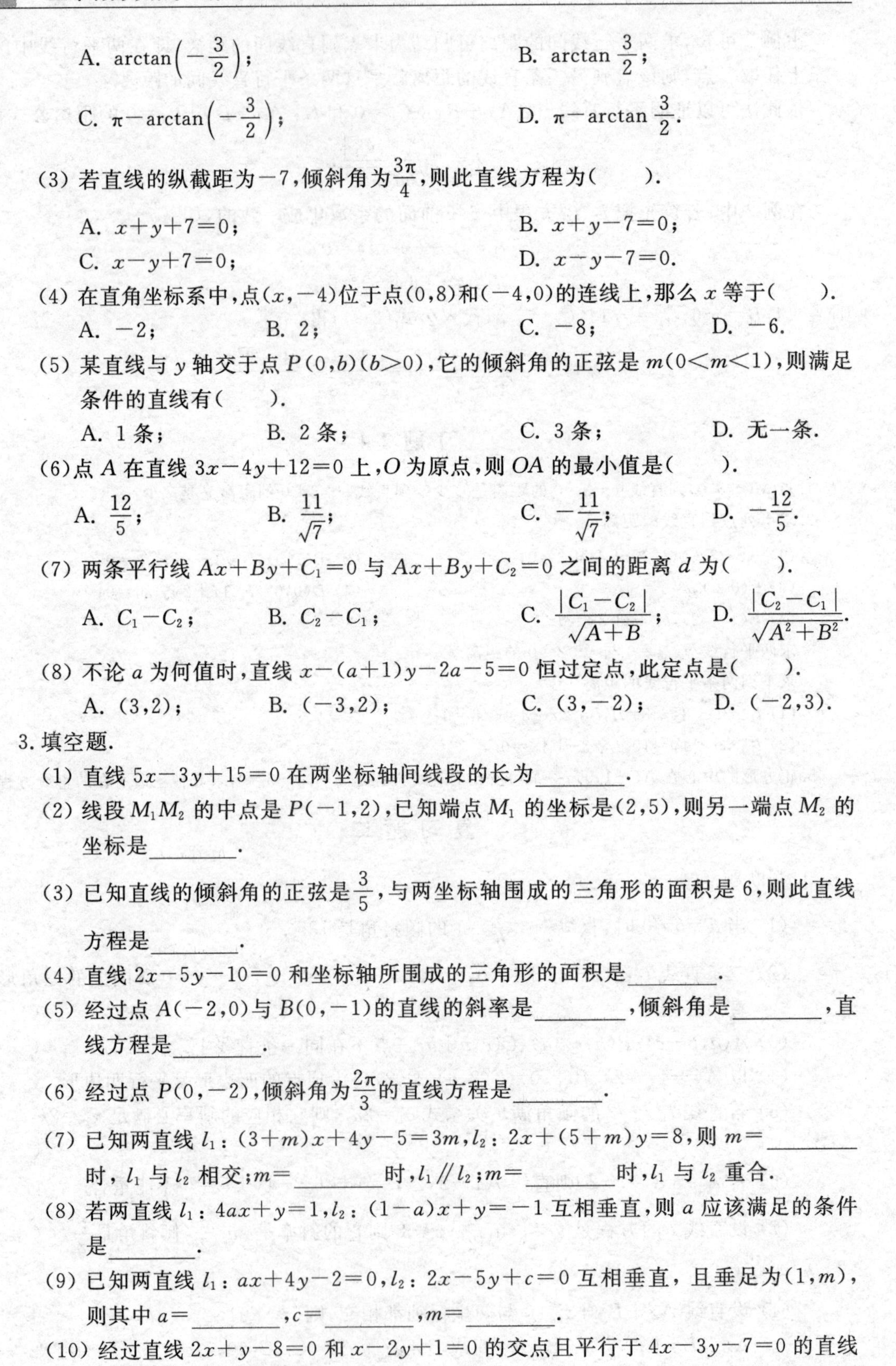

A. $\arctan\left(-\frac{3}{2}\right)$；　　B. $\arctan\frac{3}{2}$；

C. $\pi-\arctan\left(-\frac{3}{2}\right)$；　　D. $\pi-\arctan\frac{3}{2}$.

(3) 若直线的纵截距为-7,倾斜角为$\frac{3\pi}{4}$,则此直线方程为(　　).

A. $x+y+7=0$；　　B. $x+y-7=0$；

C. $x-y+7=0$；　　D. $x-y-7=0$.

(4) 在直角坐标系中,点$(x,-4)$位于点$(0,8)$和$(-4,0)$的连线上,那么x等于(　　).

A. -2；　　B. 2；　　C. -8；　　D. -6.

(5) 某直线与y轴交于点$P(0,b)(b>0)$,它的倾斜角的正弦是$m(0<m<1)$,则满足条件的直线有(　　).

A. 1条；　　B. 2条；　　C. 3条；　　D. 无一条.

(6)点A在直线$3x-4y+12=0$上,O为原点,则OA的最小值是(　　).

A. $\frac{12}{5}$；　　B. $\frac{11}{\sqrt{7}}$；　　C. $-\frac{11}{\sqrt{7}}$；　　D. $-\frac{12}{5}$.

(7) 两条平行线$Ax+By+C_1=0$与$Ax+By+C_2=0$之间的距离d为(　　).

A. C_1-C_2；　　B. C_2-C_1；　　C. $\frac{|C_1-C_2|}{\sqrt{A+B}}$；　　D. $\frac{|C_2-C_1|}{\sqrt{A^2+B^2}}$.

(8) 不论a为何值时,直线$x-(a+1)y-2a-5=0$恒过定点,此定点是(　　).

A. $(3,2)$；　　B. $(-3,2)$；　　C. $(3,-2)$；　　D. $(-2,3)$.

3.填空题.

(1) 直线$5x-3y+15=0$在两坐标轴间线段的长为________.

(2) 线段M_1M_2的中点是$P(-1,2)$,已知端点M_1的坐标是$(2,5)$,则另一端点M_2的坐标是________.

(3) 已知直线的倾斜角的正弦是$\frac{3}{5}$,与两坐标轴围成的三角形的面积是6,则此直线方程是________.

(4) 直线$2x-5y-10=0$和坐标轴所围成的三角形的面积是________.

(5) 经过点$A(-2,0)$与$B(0,-1)$的直线的斜率是________,倾斜角是________,直线方程是________.

(6) 经过点$P(0,-2)$,倾斜角为$\frac{2\pi}{3}$的直线方程是________.

(7) 已知两直线l_1：$(3+m)x+4y-5=3m$,l_2：$2x+(5+m)y=8$,则$m=$________时,l_1与l_2相交;$m=$________时,$l_1 /\!/ l_2$;$m=$________时,l_1与l_2重合.

(8) 若两直线l_1：$4ax+y=1$,l_2：$(1-a)x+y=-1$互相垂直,则a应该满足的条件是________.

(9) 已知两直线l_1：$ax+4y-2=0$,l_2：$2x-5y+c=0$互相垂直,且垂足为$(1,m)$,则其中$a=$________,$c=$________,$m=$________.

(10) 经过直线$2x+y-8=0$和$x-2y+1=0$的交点且平行于$4x-3y-7=0$的直线方程为________.

(11) 三角形 ABC 的顶点坐标分别是 $A(4,0)$, $B(6,7)$, $C(0,3)$，则 AB 边上的高线所在的直线方程为________，AB 边上高的长度为________.

(12) 点 $A(a,3)$ 到直线 $4x-3y+1=0$ 距离等于 4，则 A 点的坐标是________.

(13) 平行于直线 $x-y-2=0$ 且与它的距离为 $2\sqrt{2}$ 的直线方程为________.

4. 已知点 $A(1,-2)$ 到点 M 的距离是 3，又知过点 M 和点 $B(0,-1)$ 的直线的斜率等于 $\frac{1}{2}$，试求点 M 的坐标.

5. 已知平行四边形的 3 个顶点为 $A(1,1)$、$B(2,2)$、$C(1,2)$，求第四个顶点 D 的坐标.

6. 已知直线 $x+2y-4=0$，求点 $(5,7)$ 关于此直线的对称点.

7. 已知两条直线：l_1：$x+my+6=0$，l_2：$(m-2)x+3y+2m=0$，当 m 为何值时，l_1 与 l_2 (1)相交；(2)平行；(3)重合.

8. 一根弹簧，挂 4 kg 的物体时，长 20 cm，在弹性限度内所挂物体的重量每增加 1 kg，弹簧伸长 1.5 cm，利用点斜式方程表示弹簧的长度 L 和所挂物体重量 F 之间的关系.

【数学史典故 2】

微分几何学大师——陈省身

陈省身(1911—2004)，籍贯浙江嘉兴，美国籍华人，著名数学家、数学教育家. 中国科学院院士，美国国家科学院院士，同时是法国科学院、意大利国家科学院、英国皇家学会的外籍院士. 陈省身在整体微分几何上的卓越贡献，影响了整个数学的发展，被杨振宁誉为继欧几里德、高斯、黎曼、嘉当之后的又一里程碑式的人物.

陈省身
(1911—2004)

一、生平简介

陈省身 1911 年 10 月 28 日生于浙江嘉兴. 1927 年进入南开大学数学系，1930 年毕业，同年入清华大学任助教，1931 年开始攻读研究生，师从中国微分几何先驱孙光远，研究射影微分几何，1934 年毕业，获硕士学位，成为中国国内最早的数学研究生之一.

1932 年 4 月应邀来华讲学的汉堡大学教授、著名几何学家布拉希克对陈省身影响极大，使他确定了以微分几何为今后的研究方向. 1934 年陈省身获中华文化教育基金会奖学金，赴德国汉堡大学学习，师从布拉希克，1936 年 2 月获科学博士学位；1936 年至 1937 年间在法国巴黎几何学大师 E. 嘉当那里从事微分几何学的研究. E. 嘉当面对面的指导，使陈省身学到了老师的数学语言及思维方式，终身受益. 陈省身数十年后回忆这段紧张而愉快的时光时说，“年轻人做学问应该去找这方面最好的人”.

1937 年夏陈省身离开法国回国，先后在北京大学、清华大学、南开大学合组的西南联合大学讲授微分几何.

1943 年，应美国数学家维布伦(O. Veblen)之邀，到普林斯顿高级研究所工作. 此后两年间，他完成了一生中最重要的工作：证明高维的高斯-博内公式(Gauss-Bonnet Formula)，构造了现今普遍使用的陈示性类(一说陈氏特征类)，为整体微分几何奠定了基础.

1946 年抗战胜利后，回到上海，主持中央研究院数学研究所的工作，此后两三年中，他培养了一批青年拓扑学家.1949年初陈省身应普林斯顿高级研究所所长奥本海默之邀举家迁往美国，任教在芝加哥大学，并在此为复兴美国的微分几何作出了重要贡献.1960年，陈省身受聘为加州大学伯克利分校教授，直到1980年退休为止.其间于1961年当选为美国科学院院士，1963年至1964年间，任美国数学学会副主席.

1984年后，陈省身先后受聘为北京大学、南开大学名誉教授.1985年，受中华人民共和国教育部之聘担任南开大学数学研究所所长.同年南开大学授予他名誉博士学位.1985年他创办了南开数学研究所，以南开为基地，培养了大批优秀的青年数学家，对改革开放后我国数学事业的迅速崛起发挥了重要作用.1998年他再次捐出100万美元建立“陈省身基金”，供南开数学所发展使用.2000年他与夫人回南开定居，亲自为本科生授课，指导研究生，为我国的数学事业作出了重大贡献.

2004年12月3日，陈省身在天津病逝.

二、主要成就

陈省身是20世纪重要的微分几何学家.早在40年代，陈省身结合微分几何与拓扑学的方法，完成了两项划时代的重要工作：黎曼流形的高斯-博内一般形式和埃尔米特流形的示性类论.他首次应用纤维丛概念于微分几何的研究，引进了后来通称的陈氏示性类（简称陈类），为大范围微分几何提供了不可缺少的工具.他引进的一些概念、方法和工具，已远远超过微分几何与拓扑学的范围，成为整个现代数学中的重要组成部分.

另外，陈省身也是一位杰出的教育家，曾先后创办了中央研究院数学所、美国国家数学研究所、南开数学研究所，培养了包括杨振宁、廖山涛、吴文俊、丘成桐、郑绍远等在内的大批世界级科学家及著名学者.其中，丘成桐是取得国际数学学会给予的菲尔兹（Fields）奖章的第一个中国人，也是继陈省身之后第二个获沃尔夫奖的华人.值得一提的是，陈省身还极为重视少年儿童的数学教育，2002年，他创办了“走进美妙的数学花园”这一中国青少年数学论坛，由中国少年科学院具体承办，至今已举办了11届.通过“趣味数学解题技能展示”、“数学建模小论文答辩”、“数学益智游戏”、“团体对抗赛”等一系列丰富的活动，极大地提高了中小学生的数学建模意识和数学应用能力.

（摘自《百度文库》）

第三章　二 次 曲 线

在生产实践和科学研究中，我们所遇到的几何图形是多种多样的. 例如，人们身上所带的钥匙环是圆形的；油罐车上油罐的封头、人造地球卫星的轨道等都是椭圆形的；发电厂里冷却塔的剖面是双曲线形的；还有一些高架桥，如立交桥等常用抛物线拱形的，物体平抛时运行轨道也是抛物线，等等. 由于这些曲线在平面直角坐标系中的方程都是关于 x、y 的二次方程，所以把它们统称为**二次曲线**. 上述曲线又可以用一个平面截圆锥面而得到，因此，圆、椭圆、双曲线、抛物线也统称为**圆锥曲线**.

本章我们将在建立曲线与方程的概念基础上，讨论圆、椭圆、双曲线、抛物线的标准方程及它们的性质和图像等，另外介绍极坐标和参数方程的基本知识.

第一节　曲线与方程

一、曲线的方程

在第二章里，我们知道，在平面直角坐标系中一条直线可以用含有 x 和 y 的方程 $Ax+By+C=0$（A、B 不同时为零）来表示. 反过来，一个二元一次方程 $Ax+By+C=0$ 的图形在平面直角坐标系中是一条直线.

下面我们进一步研究一般平面曲线和方程的关系.

引例 3.1　如图 3-1 所示，函数 $y=x$ 的图像是第一、三象限角平分线，即第一、三象限角平分线的方程是 $x-y=0$，就是说，如果点 $M(x_0,y_0)$是这条直线上任意一点，它到两坐标轴的距离一定相等，即 $x_0=y_0$，那么它的坐标(x_0,y_0)是方程 $x-y=0$ 的解；反过来，如果(x_0,y_0)是方程 $x-y=0$ 的解，即 $x_0=y_0$，那么以这个解为坐标的点到两坐标轴的距离相等，它一定在这条平分线上.

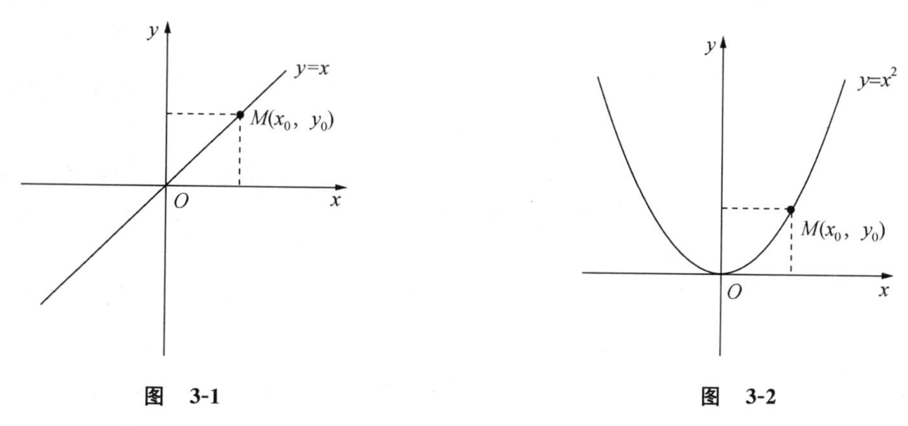

图　3-1　　　　图　3-2

引例 3.2　如图 3-2 所示，函数 $y=x^2$ 的图像是关于 y 轴对称、开口向上的抛物线，这条抛物线是由所有以方程 $y=x^2$ 的解为坐标的点组成的，这就是说，如果 $M(x_0,y_0)$是抛物线上的点，那么(x_0, y_0)一定是方程 $y=x^2$ 的解；反过来，如果(x_0, y_0)是方程 $y=x^2$ 的解，那么以它为坐标的点一定在这条抛物线上．

一般地，在平面直角坐标系中，如果某曲线 C（看作适合某种条件的点的集合或轨迹）上的点与一个二元方程 $f(x,y)=0$ 的实数解建立了如下关系：

(1) 曲线上的点的坐标都是这个方程的解，

(2) 以这个方程的解为坐标的点都是曲线上的点，

那么，这个方程叫做**曲线的方程**，这条曲线叫做**方程的曲线**．

由曲线的方程的定义可知，如果曲线 C 的方程是 $f(x,y)=0$，那么点 $P_0(x_0, y_0)$在曲线 C 上，且满足 $f(x_0, y_0)=0$．反之亦然．

由于曲线与方程之间具有这样的对应关系，因此我们可以用代数的方法来研究几何问题．

例 1 判断点 $A(-3,7)$和 $B(8,-6)$是否在曲线 $x^2+y^2=100$ 上．

解 把点 A 的坐标代入所给方程，得

$$(-3)^2+7^2=58\neq 100,$$

这就是说，点 A 的坐标不满足所给方程，所以点 $A(-3,7)$不在曲线 $x^2+y^2=100$ 上；

把点 B 的坐标代入所给方程，得

$$8^2+(-6)^2=100,$$

这就是说，点 B 的坐标满足所给方程，所以点 $B(8,-6)$在曲线 $x^2+y^2=100$ 上．

二、求曲线的方程

下面我们讨论根据条件求曲线的方程．

例 2 设 A、B 两点的坐标是 $A(-2,6)$、$B(4,2)$，求线段 AB 的垂直平分线的方程．

解 设 $M(x,y)$是线段 AB 的垂直平分线上任意一点（如图 3-3 所示），依题意得

$$|MA|=|MB|,$$

根据两点间的距离公式，得

$$\sqrt{(x+2)^2+(y-6)^2}=\sqrt{(x-4)^2+(y-2)^2},$$

化简，得

$$3x-2y+5=0. \tag{1}$$

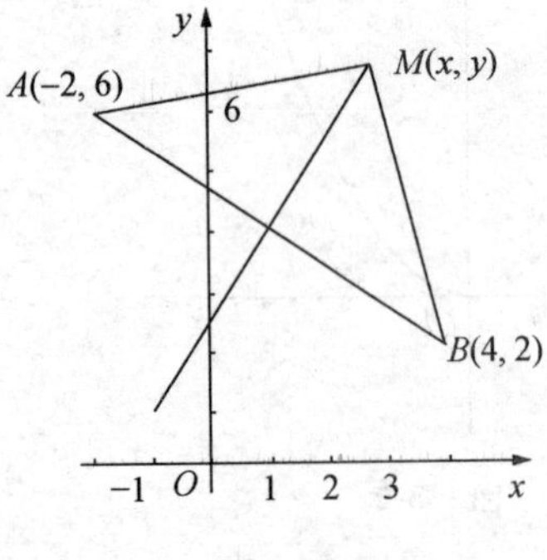

可以证明以方程(1)的解为坐标的点都在线段 AB 的垂直平分线上（证明过程略）．

因此，方程(1)是线段 AB 的垂直平分线的方程．

由上面例子可以看出，由已知条件求曲线方程的一般步骤如下：

(1) 建立适当的直角坐标系，并设 $M(x,y)$为曲线上任意点（动点）；

(2) 根据已知条件写出动点所满足的等量关系式；

(3) 用动点的坐标 x 和 y（流动坐标）之间的关系式表示上述条件，即得方程；

图 3-3

(4) 将方程化简；

(5) 证明化简后的方程为曲线的方程.

一般情况下,化简前后方程的解集是相同的,步骤(5)可以省略不写,如有特殊情况,可适当予以说明.

例 3　两个定点 A、B 之间距离为 $2r$,动点 M 与 A、B 两点的连线段互相垂直,求动点 M 的轨迹方程.

解　取点 A、B 所在直线为 x 轴,线段 AB 的中点为原点,建立直角坐标系(如图 3-4 所示),则 A 点坐标为 $(-r,0)$,B 点坐标为 $(r,0)$.

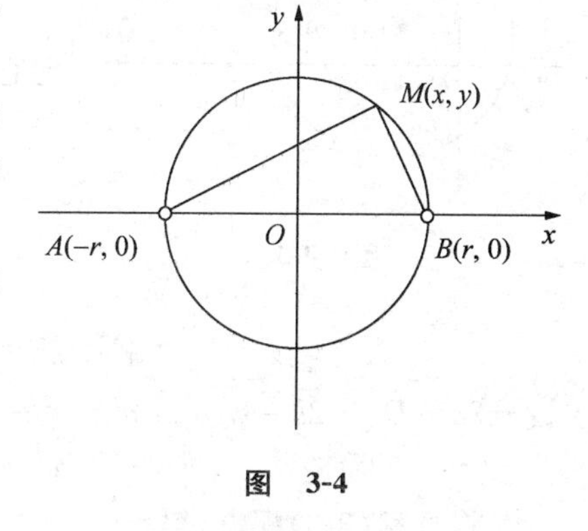

图　3-4

设动点 M 的坐标为 (x,y),由题意知 $MA\perp MB$,即 $\triangle ABC$ 是直角三角形. 由勾股定理,得

$$|MA|^2+|MB|^2=|AB|^2.$$

由两点间的距离公式,得

$$\left(\sqrt{(x+r)^2+y^2}\right)^2+\left(\sqrt{(x-r)^2+y^2}\right)^2=(2r)^2,$$

化简得动点 M 的轨迹方程为

$$x^2+y^2=r^2\quad(x\neq\pm r).$$

习 题 3-1

1. 判定原点是否在下列曲线上.

(1) $y=2x^2-3x$;　　(2) $x^2+y^2-2x+9=0$.

2. 求方程 $(x-a)^2+(y-b)^2=r^2$ 所表示的曲线经过原点的条件.

3. 求适合下列条件的动点的轨迹方程.

(1) 与直线 $y+3=0$ 的距离等于 6;　　(2) 与原点的距离等于 3;

(3) 与定点 $A(1,2)$ 的距离等于 5;　　(4) 与两定点 $A(3,1)$、$B(-1,5)$ 的距离相等.

4. 求到点 $A(-3,0)$ 和点 $B(3,0)$ 的距离的平方差是 48 的动点的轨迹方程.

5. 点 M 到点 $A(-4,0)$ 和点 $B(4,0)$ 的距离的和为 12,求动点 M 的轨迹方程.

6. 等腰三角形一腰的两个端点是 $A(4,0)$、$B(3,5)$,求这个三角形第三个顶点的轨迹方程.

7. 一条线段 AB 的长等于 $2a$,两个端点 A、B 分别在 x 轴和 y 轴上滑动,求 AB 中点 M 的轨迹方程.

8. 求与原点及直线 $x+4y-3=0$ 等距离的点的轨迹方程.

9. 动点 M 到点 $(2,4)$ 的连线的斜率等于它到点 $(-2,4)$ 的连线的斜率加 4,求动点 M 的轨迹方程.

10. 两个定点的距离为 6,点 M 到这两个定点的距离的平方和为 26,求点 M 的轨迹方程.

第二节　圆

一、圆的标准方程与一般方程

定义 3.1　平面内到定点距离等于定长的点的轨迹叫做**圆**,其中定点叫做**圆心**,定长叫做**半径**.

下面求以点 $C(a,b)$ 为圆心,半径为 r 的圆的方程.

如图 3-5 所示,设 $M(x,y)$ 是圆上任意一点,由已知条件,得

$$|MC|=r,$$

由两点间的距离公式,得

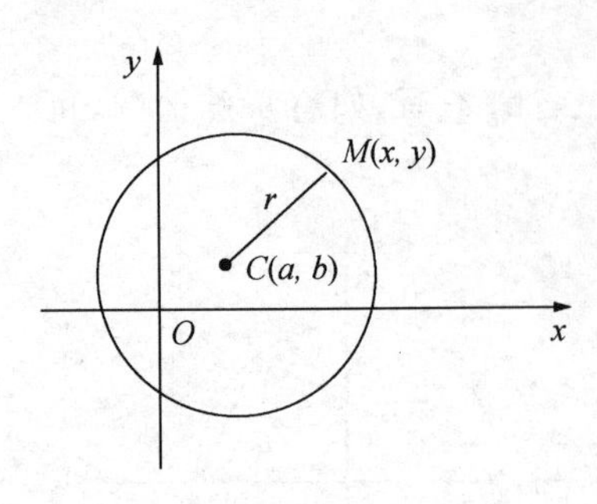

图 3-5

$$\sqrt{(x-a)^2+(y-b)^2}=r,$$

两边平方，得

$$(x-a)^2+(y-b)^2=r^2. \tag{3-1}$$

方程(3-1)就是圆心在点 $C(a,b)$，半径为 r 的圆的方程，把它叫做**圆的标准方程**.

特别地，当 $a=b=0$ 时，方程(3-1)成为

$$x^2+y^2=r^2. \tag{3-2}$$

这就是以原点为圆心、r 为半径的圆的方程.

把方程(3-1)展开，得

$$x^2+y^2-2ax-2by+(a^2+b^2-r^2)=0,$$

设 $-2a=D,-2b=E,a^2+b^2-r^2=F$，代入上式，得

$$x^2+y^2+Dx+Ey+F=0. \tag{3-3}$$

将方程(3-3)配方，得

$$\left(x+\frac{D}{2}\right)^2+\left(y+\frac{E}{2}\right)^2=\frac{D^2+E^2-4F}{4}.$$

显然，当且仅当 $D^2+E^2-4F>0$ 时，方程(3-3)表示圆，且该圆以 $\left(-\frac{D}{2},-\frac{E}{2}\right)$ 为圆心，以 $\frac{1}{2}\sqrt{D^2+E^2-4F}$ 为半径. 此时，我们把方程(3-3)叫做**圆的一般方程**.

当 $D^2+E^2-4F=0$ 时，方程(3-3)仅表示点 $\left(-\frac{D}{2},-\frac{E}{2}\right)$.

当 $D^2+E^2-4F<0$ 时，方程(3-3)不表示任何曲线.

可见，任何一个圆的方程都可以表示为方程(3-3)的形式. 但是，形如(3-3)的方程不一定都表示圆.

圆的标准方程的优点在于它明确指出了圆心和半径，而一般方程只突出了方程在形式上的特点：

(1) x^2 与 y^2 的系数相等且不等于 0；

(2) 不含 xy 项(即 xy 项的系数等于 0).

例 1 求以 $C(3,-4)$ 为圆心，并过原点 O 的圆的方程.

解 所求圆的半径为

$$r=|OC|=\sqrt{(3-0)^2+(-4-0)^2}=5,$$

圆心为 $C(3,-4)$，所求圆的标准方程为

$$(x-3)^2+(y+4)^2=25.$$

例 2 求以点 $C(-1,2)$ 为圆心并与直线 $4x+3y+8=0$ 相切的圆的方程.

解 已知圆心是 $C(-1,2)$，又因为圆心到切线的距离等于半径，所以根据点到直线的距离公式，得

$$r=\frac{|4\times(-1)+3\times2+8|}{\sqrt{3^2+(-4)^2}}=2,$$

所求圆的方程为

$$(x+1)^2+(y-2)^2=4.$$

例 3 求过三点 $A(2,6)$、$B(3,5)$、$C(4,2)$ 的圆的方程，并求圆的半径和圆心坐标.

解 设所求圆的方程为 $x^2+y^2+Dx+Ey+F=0$，因为点 A、B、C 在圆上，把它们的坐标代入方程中，得

$$\begin{cases}40+2D+6E+F=0,\\34+3D+5E+F=0,\\20+4D+2E+F=0,\end{cases}$$

解这个方程组，得

$$D=2,\quad E=-4,\quad F=-20,$$

于是得到所求圆的方程为

$$x^2+y^2+2x-4y-20=0.$$

所求圆的半径为 $r=\frac{1}{2}\sqrt{2^2+(-4)^2-4\times(-20)}=5$，圆心坐标为 $(-1,2)$.

例 4 求与圆 O_1：$(x-2)^2+(y-2)^2=8$ 相切于点 $(4,4)$，且半径为 $\sqrt{2}$ 的圆 O_2 的方程.

解 设所求的圆 O_2 标准方程为

$$(x-a)^2+(y-b)^2=(\sqrt{2})^2=2,$$

又因为圆 O_1 的半径为 $r_1=\sqrt{8}=2\sqrt{2}$，圆 O_2 的半径为 $r_2=\sqrt{2}$，则由两圆相切的条件可知两圆的圆心距为

$$|O_1O_2|=|r_1-r_2|=\sqrt{2}\quad 或\quad |O_1O_2|=|r_1+r_2|=3\sqrt{2},$$

即

$$\sqrt{(a-2)^2+(b-2)^2}=\sqrt{2}\quad 或\quad \sqrt{(a-2)^2+(b-2)^2}=3\sqrt{2},\tag{1}$$

再由两圆相切于点 $(4,4)$，即该点也圆 O_2 上，则有

$$(4-a)^2+(4-b)^2=2,\tag{2}$$

将以上两个关于圆心坐标 (a,b) 的方程联立，解得

$$a=b=3\quad 或\quad a=b=5,$$

即所求圆 O_2 的标准方程为

$$(x-3)^2+(y-3)^2=2\quad 或\quad (x-5)^2+(y-5)^2=2.$$

显然，这两个圆一个与圆 O_1 相内切，另一个与圆 O_1 相外切(如图 3-6 所示).

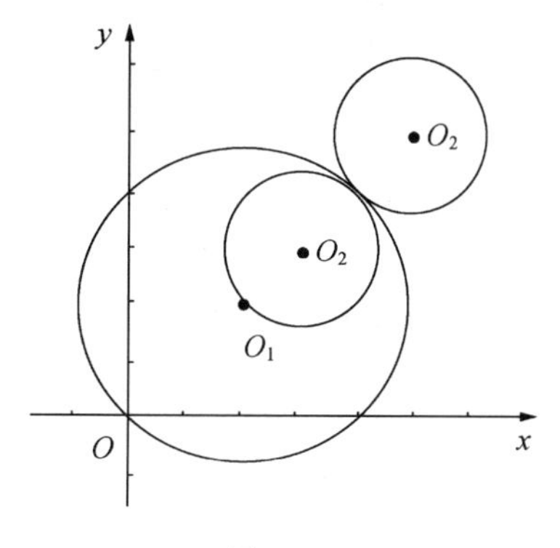

图 3-6

二、圆的方程的简单应用

圆的方程有着广泛的应用，如桥梁的建造、模具的制造等，都要用到圆的方程的知识，下面举两个实例.

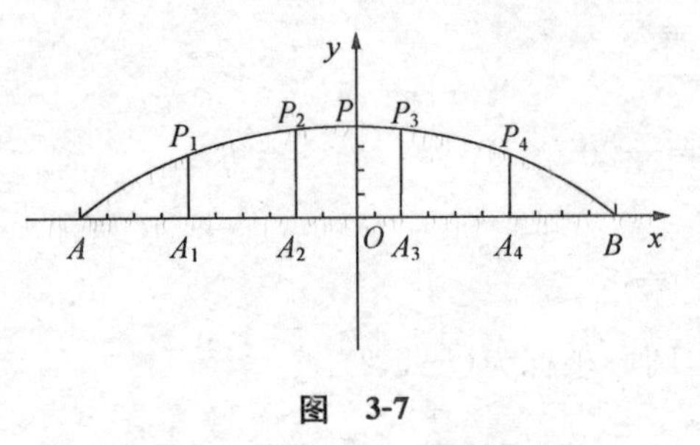

图 3-7

例5 图 3-7 是某圆拱桥的一孔的示意图，该圆拱跨度为 $AB=20\,\text{m}$，拱高 $OP=4\,\text{m}$，在建造时每隔 4 m 需用一支柱支撑，求支柱 A_2P_2 的长度（精确到 0.01 m）.

解 如图 3-7 所示，建立直角坐标系，圆心在 y 轴上，设圆心的坐标是 $(0,b)$，圆的半径为 r，那么圆的方程为

$$x^2+(y-b)^2=r^2.$$

因为点 $P(0,4)$、$B(10,0)$ 都在圆上，所以它们的坐标都满足方程，于是得方程组

$$\begin{cases}0^2+(4-b)^2=r^2,\\10^2+(0-b)^2=r^2.\end{cases}$$

解得

$$b=-10.5,\quad r^2=14.5^2,$$

所以这个圆的方程为

$$x^2+(y+10.5)^2=14.5^2.$$

把点 P_2 的横坐标 $x=-2$ 代入上式，得

$$(-2)^2+(y+10.5)^2=14.5^2,$$

因为 P_2 的纵坐标 $y>0$，所以

$$y=\sqrt{14.5^2-(-2)^2}-10.5\approx14.36-10.5=3.86\ (\text{m}).$$

即所求支柱 A_2P_2 长度约为 3.86 m.

例6 图 3-8 为某冲模的轮廓曲线，已知圆 O_1 与圆 O、圆 O_2 都相外切，根据图中所标示的数据（单位 mm），求点 O_1 的坐标（O_2 在圆 O 上）（精确到 1mm）.

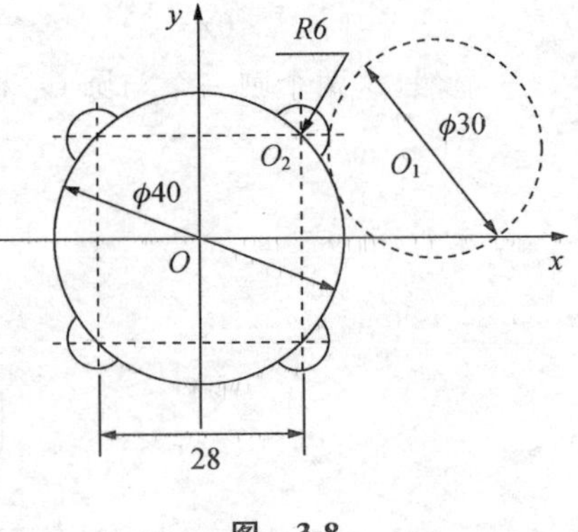

图 3-8

解 设圆心 O_1 的坐标为 (x,y)，因为圆 O 与圆 O_1 相外切，故

$$|O_1O|=15+20=35,$$

即

$$\sqrt{(x-0)^2+(y-0)^2}=35.$$

也就是

$$x^2+y^2=35^2.$$

又因为圆 O_1 与圆 O_2 相外切，故

$$|O_1O_2|=15+6=21,$$

而 O_2 坐标为 $(14,14)$，则有

$$\sqrt{(x-14)^2+(y-14)^2}=21,$$

即

$$(x-14)^2+(y-14)^2=21^2.$$

将以上两个含有 O_1 坐标 (x,y) 的方程联立，解方程组

$$\begin{cases} x^2+y^2=35^2, \\ (x-14)^2+(y-14)^2=21^2 \end{cases}$$

得 O_2 的坐标约为 $(34,8)$.

习题 3-2

1. 求圆心在点 $C(8,-3)$ 且经过点 $A(5,1)$ 的圆的方程.

2. 求经过点 $(4,-2)$ 且与两坐标轴相切的圆的方程.

3. 求经过 $A(-1,1)$、$B(1,3)$ 两点，圆心在 x 轴上的圆的方程.

4. 求下列各圆的圆心坐标和半径，并画出它们的图形.

(1) $x^2+y^2+2x-4y-4=0$；　　(2) $2x^2+2y^2-3y-2=0$.

5. 等腰三角形的高等于 5 个单位，底是点 $(-4,0)$ 和点 $(4,0)$ 间的线段，求其外接圆的方程.

6. 求平行于直线 $x+y-3=0$ 并与圆 $x^2+y^2-6x-4y+5=0$ 相切的直线的方程.

7. 一条纵截距为 5 的直线与圆 $x^2+y^2=5$ 相切，求此直线的方程.

8. 求与三条直线 $x=0$、$x=1$、$3x+4y+5=0$ 都相切的圆的方程.

9. 已知圆的方程为 $x^2+y^2=2$，直线的方程为 $y=x+b$，当 b 为何值时，直线与圆 (1)相交？(2)相切？(3)相离？

10. 赵州桥的跨度是 37.4 m，圆拱高约为 7.2 m，求这座圆拱桥的圆拱方程(精确到 0.1 m).

11. 某地建造一座跨度为 $l=8$ m，高跨比 $h:l=1:4$ 的圆拱桥(如图 3-9 所示)，每隔 1 m 需一根支柱支撑，求支柱 Q_2P_2 的长度(精确到 0.01 m).

12. 图 3-10 表示某模具的一部分，其轮廓线由圆弧连接而成，圆 O_2 与圆 O_1、圆 O 都互相外切，建立如图所示的坐标系，根据图上数据(单位 mm)，求圆心 O_2 的坐标(精确到 0.01mm).

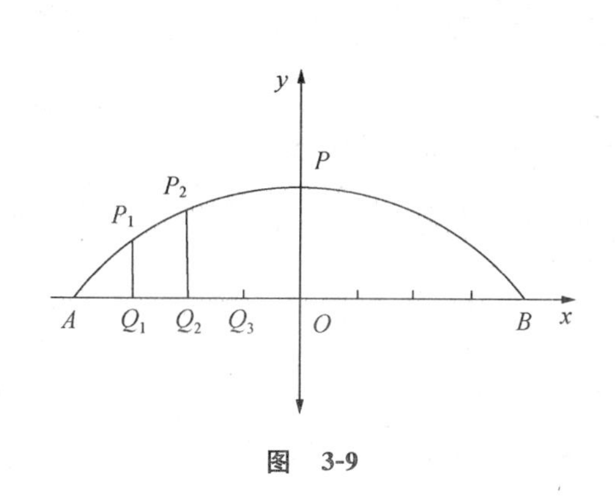

图　3-9

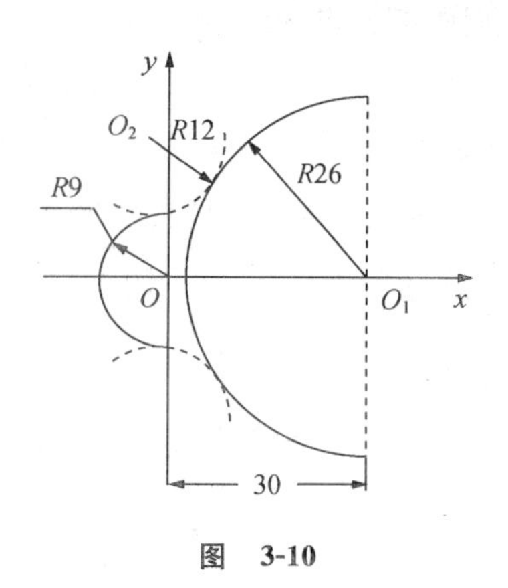

图　3-10

第三节　椭　　圆

一、椭圆的定义和标准方程

下面先介绍一种画椭圆的方法：

取一根适当长的细绳，在平板上将绳的两端分别固定在 F_1、F_2 两个点上($|F_1F_2|$ 小于

绳的长度)，如图 3-11 所示用笔尖绷紧细绳，在平板上慢慢移动，就可以画出一个椭圆.

从上面的画图过程我们可以看出，椭圆是与两定点的距离的和等于常数(即这条绳长)的点的集合.

定义 3.2 平面内与两个定点 F_1、F_2 的距离之和等于常数 $2a$ ($|F_1F_2|<2a$)的动点轨迹叫做**椭圆**. 两个定点 F_1、F_2 叫做**椭圆的焦点**，两焦点间的距离叫做**椭圆的焦距**.

根据椭圆的定义，我们来求椭圆的方程.

如图 3-12 所示，取过点 F_1、F_2 的直线为 x 轴，线段 F_1F_2 的垂直平分线为 y 轴，建立平面直角坐标系 xOy.

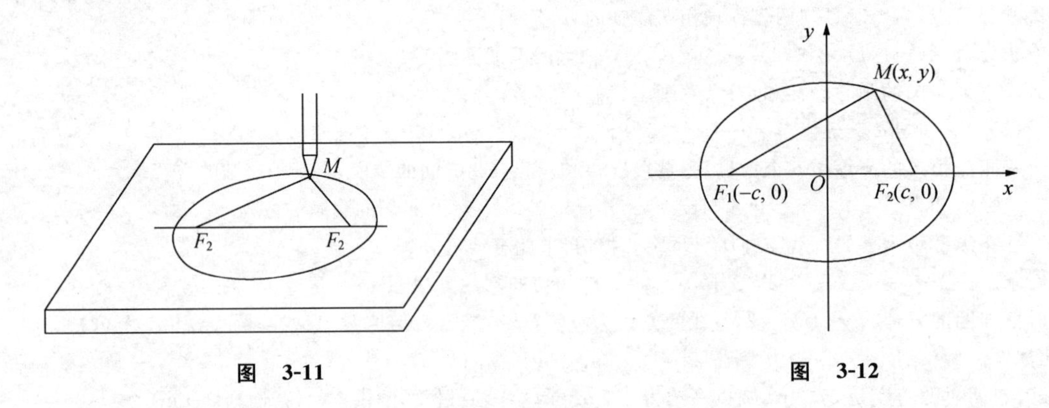

图 3-11　　　　图 3-12

设 $M(x,y)$是椭圆上任意一点，椭圆的焦距为 $2c(c>0)$. 那么，焦点 F_1、F_2 的坐标分别是$(-c,0)$、$(c,0)$. 又设点 M 与 F_1 和 F_2 距离的和为常数 $2a(a>0)$，根据椭圆的定义，得

$$|MF_1|+|MF_2|=2a,$$

由两点间距离公式，得

$$\sqrt{(x+c)^2+y^2}+\sqrt{(x-c)^2+y^2}=2a,$$

移项，两边平方，得

$$(x+c)^2+y^2=4a^2-4a\sqrt{(x-c)^2+y^2}+(x-c)^2+y^2,$$

整理，得

$$a\sqrt{(x-c)^2+y^2}=a^2-cx,$$

两边平方，得

$$a^2[(x-c)^2+y^2]=a^4-2a^2cx+c^2x^2,$$

整理，得

$$(a^2-c^2)x^2+a^2y^2=a^2(a^2-c^2),$$

由椭园的定义可知，$2a>2c>0$，即 $a>c>0$，所以 $a^2-c^2>0$，令 $b^2=a^2-c^2$(其中 $b>0$)，代入上式，得

$$b^2x^2+a^2y^2=a^2b^2,$$

两边同除以 a^2b^2，得

$$\frac{x^2}{a^2}+\frac{y^2}{b^2}=1 \quad (a>b>0). \tag{3-4}$$

这个方程叫做**椭圆的标准方程**，它所表示的椭圆的焦点在 x 轴上，焦点是 $F_1(-c,0)$、$F_2(c,0)$，这里 $c^2=a^2-b^2$.

如果焦点 F_1、F_2 在 y 轴上,设 F_1、F_2 的坐标分别为 $F_1(0,-c)$,$F_2(0,c)$(如图 3-13 所示),a、b 的意义同上,所得椭圆的方程变为

$$\frac{x^2}{b^2}+\frac{y^2}{a^2}=1 \quad (a>b>0). \tag{3-5}$$

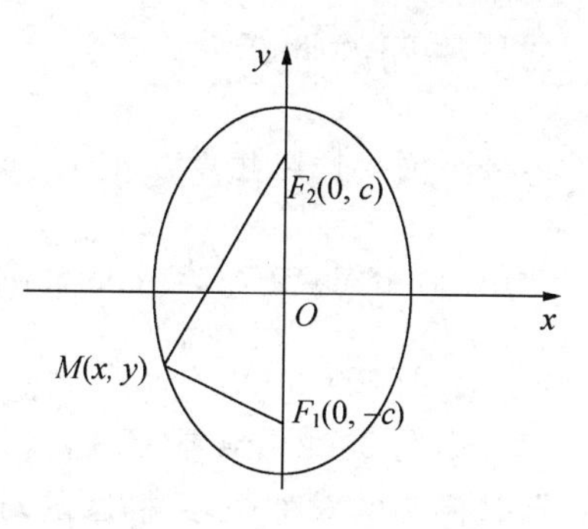

图 3-13

这个方程也是椭圆的标准方程,其中 $c^2=a^2-b^2$.

比较方程(3-4)和(3-5)及它们表示的图形后可发现,x^2 项的分母比 y^2 项分母大时,焦点在 x 轴上;y^2 项的分母比 x^2 项分母大时,焦点在 y 轴上.

例 1 求满足下列条件的椭圆的标准方程:

(1) 两个焦点的坐标分别是$(-6,0)$和$(6,0)$,椭圆上一点到两焦点距离的和等于 20;

(2) 两个焦点的坐标分别是$(0,-3)$和$(0,3)$,并且椭圆经过点$(\sqrt{7},0)$.

解 (1) 由已知条件可知,椭圆的焦点在 x 轴上,所以设它的标准方程为

$$\frac{x^2}{a^2}+\frac{y^2}{b^2}=1 \quad (a>b>0),$$

因为

$$2a=20, 2c=12,$$

所以

$$a=10, c=6,$$

于是

$$b^2=a^2-c^2=10^2-6^2=64,$$

因此,所求椭圆的标准方程为

$$\frac{x^2}{100}+\frac{y^2}{64}=1.$$

(2) 由已知条件可知,椭圆的焦点在 y 轴上,所以设它的标准方程为

$$\frac{x^2}{b^2}+\frac{y^2}{a^2}=1 \ (a>b>0),$$

由椭圆焦点为$(0,-3)$和$(0,3)$,得

$$c=3,$$

又椭圆过点$(\sqrt{7},0)$,则有

$$\frac{(\sqrt{7})^2}{b^2}+\frac{0^2}{a^2}=1,$$

得

$$b=\sqrt{7},$$

于是

$$a^2=b^2+c^2=(\sqrt{7})^2+3^2=16,$$

因此,所求椭圆的标准方程为

$$\frac{x^2}{7}+\frac{y^2}{16}=1.$$

二、椭圆的性质

下面我们以焦点在 x 轴上的椭圆$\frac{x^2}{a^2}+\frac{y^2}{b^2}=1$ $(a>b>0)$为例，来研究椭圆的图像和主要性质．对于焦点在 y 轴上的椭圆$\frac{x^2}{b^2}+\frac{y^2}{a^2}=1$ $(a>b>0)$的图像和主要性质，类似可得．

1．对称性

由图 3-14 可观察出：椭圆关于 x 轴、y 轴和原点都对称．坐标轴是椭圆的对称轴，坐标原点是椭圆的对称中心．椭圆的对称中心叫做**椭圆的中心**．

2．范围

由方程$\frac{x^2}{a^2}+\frac{y^2}{b^2}=1$可知，椭圆上点的坐标$(x,y)$都适合不等式

$$\frac{x^2}{a^2}\leqslant 1,\quad \frac{y^2}{b^2}\leqslant 1,$$

即

$$|x|\leqslant a,\quad |y|\leqslant b.$$

这说明椭圆位于直线 $x=\pm a$ 和 $y=\pm b$ 所围成的矩形里（如图 3-14 所示）．

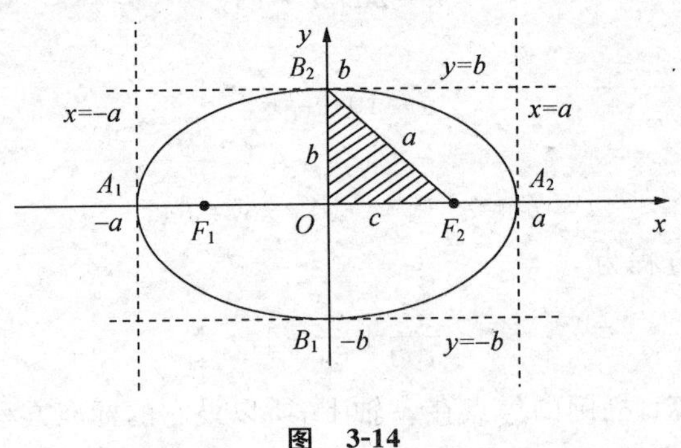

图 3-14

3．顶点

在椭圆的标准方程$\frac{x^2}{a^2}+\frac{y^2}{b^2}=1$中，令 $x=0$，得 $y=\pm b$，这说明点 $B_1(0,-b)$、$B_2(0,b)$是椭圆与 y 轴的两个交点．同理，令 $y=0$，得 $x=\pm a$，即点 $A_1(-a,0)$、$A_2(a,0)$是椭圆与 x 轴的两个交点．

椭圆和它的对称轴的四个交点叫做**椭圆的顶点**．线段 A_1A_2、B_1B_2 分别叫做椭圆的**长轴**和**短轴**，它们的长分别等于 $2a$、$2b$，其中 a 和 b 分别叫做椭圆的**长半轴长**和**短半轴长**．

4．离心率

椭圆的焦距与长轴的长之比，叫做椭圆的**离心率**，通常用 e 表示，即

$$e=\frac{2c}{2a}=\frac{c}{a}.$$

因为 $a>c>0$，所以 $0<e<1$．由 $b^2=a^2-c^2$ 可知，当 a 为定值时，c 越大，则 b 越小，离心率 e 就越接近于 1，此时椭圆就越扁；反之，c 越小，则 b 越大，离心率 e 就越接近于零，此时椭圆就越接近于圆．

例 2　求椭圆 $25x^2+4y^2=100$ 的长轴和短轴的长、焦点和顶点的坐标．

解　把已知方程化为标准方程,得

$$\frac{x^2}{2^2}+\frac{y^2}{5^2}=1,$$

显然,该方程表示一个焦点在 y 轴上的椭圆,这里 $a=5,b=2$,所以

$$c=\sqrt{a^2-b^2}=\sqrt{5^2-2^2}=\sqrt{25-4}=\sqrt{21}.$$

因此,椭圆的长轴和短轴的长分别是

$$2a=10\quad 和\quad 2b=4,$$

两焦点分别是

$$F_1(0,\sqrt{21})\quad 和\quad F_2(0,-\sqrt{21}),$$

椭圆的四个顶点是

$$A_1(-2,0)、A_2(2,0)、B_1(0,-5)、B_2(0,5).$$

例 3　求适合下列条件的椭圆的标准方程.

(1) 一个焦点为 $F_1(2,0)$,离心率为 $\frac{2}{3}$.

(2) 长轴为短轴的 3 倍,且经过点(3,0).

解　(1) 椭圆焦点在 x 轴上,所以设椭圆标准方程为

$$\frac{x^2}{a^2}+\frac{y^2}{b^2}=1.$$

由已知条件,得

$$\begin{cases}c=2,\\ \dfrac{c}{a}=\dfrac{2}{3},\\ c^2=a^2-b^2.\end{cases}$$

解此方程组,得

$$a=3,\quad b=\sqrt{5},$$

于是所求椭圆标准方程为

$$\frac{x^2}{9}+\frac{y^2}{5}=1.$$

(2) 由题设条件可知,椭圆的焦点既可以在 x 轴上,又可以在 y 轴上,故应设椭圆标准方程为

$$\frac{x^2}{a^2}+\frac{y^2}{b^2}=1\quad 或\quad \frac{x^2}{b^2}+\frac{y^2}{a^2}=1.$$

由已知条件,得

$$\begin{cases}a=3b,\\ \dfrac{3^2}{a^2}+\dfrac{0^2}{b^2}=1\end{cases}\quad 或\quad \begin{cases}a=3b,\\ \dfrac{3^2}{b^2}+\dfrac{0^2}{a^2}=1,\end{cases}$$

解方程组,得

$$\begin{cases}a=3\\ b=1\end{cases}\quad 或\quad \begin{cases}a=9\\ b=3\end{cases},$$

故所求椭圆的标准方程为

$$\frac{x^2}{9}+y^2=1\quad 或\quad \frac{x^2}{9}+\frac{y^2}{81}=1.$$

例 4 我国发射的第一颗人造地球卫星的运行轨道,是以地心(地球中心)F_2 为一个焦点的椭圆,已知它的近地点 A 距地面 266 km,远地点 B 距地面 1826 km,并且 F_2、A、B 在同一直线上,地球半径约为 6371 km,求卫星运行的轨道方程(精确到 1 km).

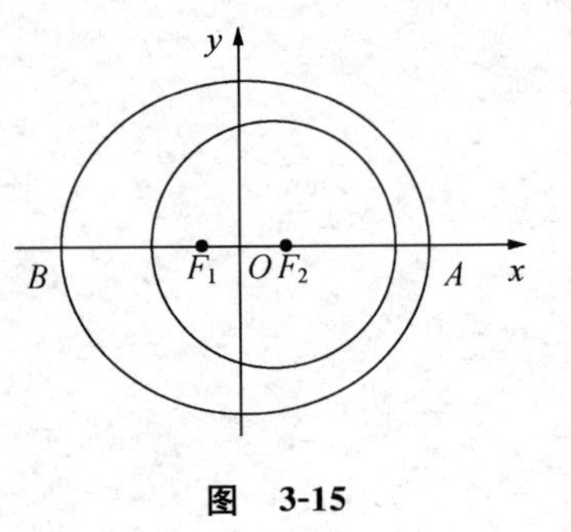

图 3-15

解 如图 3-15 所示,建立直角坐标系,使 A、B、F_2 在 x 轴上,F_2 为椭圆的右焦点,设它的标准方程为

$$\frac{x^2}{a^2}+\frac{y^2}{b^2}=1 \quad (a>b>0),$$

则

$$a-c=|OA|-|OF_2|=|F_2A|=6371+266=6637,$$
$$a+c=|OB|+|OF_2|=|F_2B|=6371+1826=8197,$$

以上两式联立,解得

$$a\approx 7417, \quad c\approx 779,$$

所以

$$b=\sqrt{a^2-c^2}=\sqrt{(a+c)(a-c)}\approx 7376,$$

因此,卫星的轨道方程是

$$\frac{x^2}{7417^2}+\frac{y^2}{7376^2}=1.$$

习 题 3-3

1. 填空题.

(1) 椭圆 $\frac{x^2}{8}+\frac{y^2}{16}=1$ 的长轴长是________,短轴长是________,焦点坐标是________;

(2) 如果椭圆的焦点为 $(0,\pm 3)$,长轴长是 10,那么短轴长是________,该椭圆的标准方程是________;

(3) 椭圆 $\frac{x^2}{16}+\frac{y^2}{9}=1$ 中,$a=$________,$b=$________,$c=$________,焦点坐标为________.

2. 求下列椭圆的长轴、短轴的长及顶点和焦点的坐标.

(1) $9x^2+25y^2=225$; (2) $2x^2+y^2=1$.

3. 椭圆的两个顶点坐标为 $(\pm 4,0)$,焦点坐标为 $(\pm 2,0)$,求它的标准方程.

4. 椭圆的焦点在 y 轴上,焦距为 8,长轴关于原点对称,$2a=10$,求椭圆的标准方程.

5. 椭圆的中心在原点,一个顶点和一个焦点分别是直线 $x+3y-6=0$ 与两坐标轴的交点,求椭圆的标准方程,并作图.

6. 椭圆的中心在原点,焦点在 x 轴上,经过点 $M_1(6,4)$ 和 $M_2(8,-3)$,求椭圆的标准方程.

7. 一条直线经过椭圆 $9x^2+25y^2=225$ 左焦点和圆 $x^2+y^2-2y-3=0$ 的圆心,求该直线的方程.

8. 一个圆的圆心在椭圆 $16x^2+25y^2=400$ 的右焦点上,并且通过椭圆在 y 轴上的顶点,求圆的方程.

9. 已知椭圆的中心在原点,焦点在 x 轴上,离心率 $e=\frac{1}{3}$,又知椭圆上有一点 M,它的横坐标等于右焦点的横坐标,而纵坐标等于 4,求椭圆的标准方程,并画图.

10. 已知椭圆的焦距与长轴的和为 32,离心率 $e=\frac{3}{5}$,求椭圆的标准方程,并作图.

11. 椭圆的中心在原点,焦点在 y 轴上,焦距等于 8,长半轴与短半轴的和等于 8,求椭圆的标准方程.

12. 椭圆的中心在原点,对称轴重合于坐标轴,长轴的长为短轴长的 3 倍,并经过点 $A(3,0)$,求椭圆的标准方程.

13. 一动点到定点 $A(3,0)$ 的距离和它到直线 $x-12=0$ 的距离的比为 $\frac{1}{2}$,求动点的轨迹方程.

14. 已知地球运行的轨道是长半轴长 $a=1.5\times10^8$ km、离心率 $e=0.0192$ 的椭圆，且太阳在这个椭圆的一个焦点上，求地球到太阳的最大和最小距离.

第四节　双　曲　线

一、双曲线的定义和标准方程

我们已经知道，与两个定点的距离的和为常数的点的轨迹是椭圆，那么与两个定点距离的差为非零常数的点的轨迹是怎样的曲线呢？

如图 3-16 所示，取一条拉链，先拉开一部分，分成两支，把一支剪断，把短的一支的端点固定在平板上的点 F_2 处，长的一支的端点固定在平板上的 F_1 处，把笔尖放在拉链的开关 M 处，随着拉链逐渐拉开或闭拢，笔尖就画出一支曲线(图 3-16 中右边的曲线). 交换两支拉链端点的位置，就得到另一支曲线(图 3-16 中左边的曲线). 这两条曲线合起来叫做双曲线，每一条叫做双曲线的一支.

定义 3.3　平面内与两个定点 F_1、F_2 的距离的差的绝对值等于 $2a$ $(0<2a<|F_1F_2|)$的点的轨迹叫做**双曲线**，这两个定点叫做**双曲线的焦点**，两焦点间的距离叫做**双曲线的焦距**.

可以仿照求椭圆的标准方程的方法，求双曲线的标准方程.

以经过两焦点 F_1 和 F_2 的直线为 x 轴，线段 F_1F_2 的中点为原点，建立直角坐标系 xOy(如图 3-17 所示)，设两焦点间距离为 $|F_1F_2|=2c(c>0)$，则焦点 F_1、F_2 的坐标分别为$(-c,0)$、$(c,0)$.

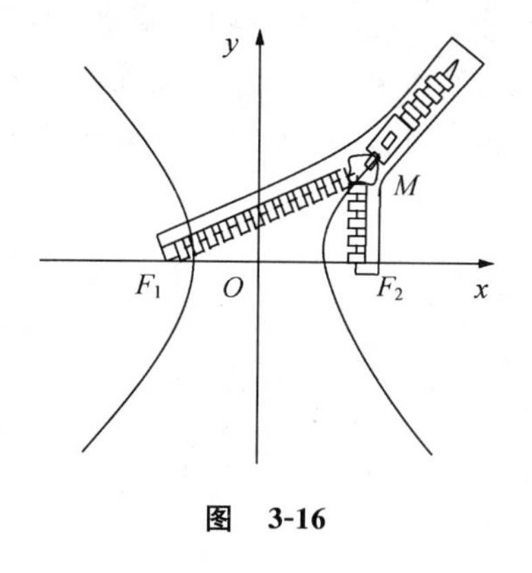

图　3-16

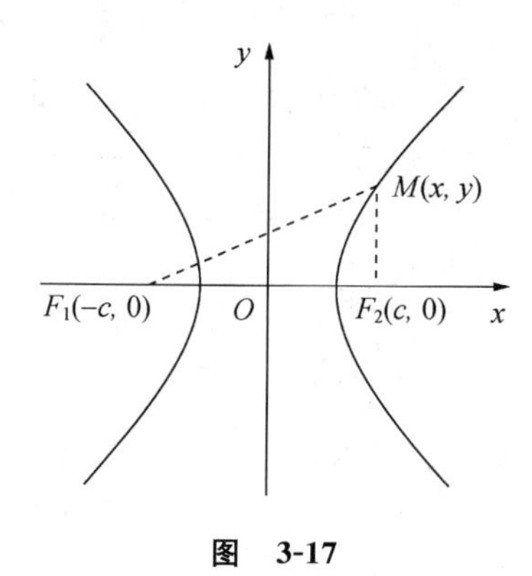

图　3-17

设 $M(x,y)$为双曲线上任意一点，动点 M 到两焦点 F_1、F_2 的距离之差的绝对值等于常数 $2a(a>0)$，那么根据双曲线的定义，得

$$|MF_1|-|MF_2|=\pm2a,$$

根据两点间的距离公式，得

$$\sqrt{(x+c)^2+y^2}-\sqrt{(x-c)^2+y^2}=\pm2a,$$

移项，得

$$\sqrt{(x+c)^2+y^2}=\pm2a+\sqrt{(x-c)^2+y^2},$$

两边平方，得

$$(x+c)^2+y^2=4a^2\pm4a\sqrt{(x-c)^2+y^2}+(x-c)^2+y^2,$$

化简，得

$$\pm a\sqrt{(x-c)^2+y^2}=a^2-cx,$$

两边平方，得

$$a^2[(x-c)^2+y^2]=a^4-2a^2cx+c^2x^2,$$

整理，得

$$(c^2-a^2)x^2-a^2y^2=a^2(c^2-a^2).$$

由双曲线定义可知，$2c>2a>0$，即 $c>a>0$，所以 $c^2-a^2>0$，令 $c^2-a^2=b^2$（其中 $b>0$），代入上式，得

$$b^2x^2-a^2y^2=a^2b^2,$$

两边同除以 a^2b^2，得

$$\frac{x^2}{a^2}-\frac{y^2}{b^2}=1\quad(a>0,b>0).\tag{3-6}$$

这个方程叫做**双曲线的标准方程**，焦点坐标为 $F_1(-c,0)$、$F_2(c,0)$，且 $c^2=a^2+b^2$.

若双曲线的焦点在 y 轴上，即焦点坐标为 $F_1(0,-c)$、$F_2(0,c)$，用类似的方法可得到它的方程为

$$\frac{y^2}{a^2}-\frac{x^2}{b^2}=1\quad(a>0,b>0).\tag{3-7}$$

这个方程是焦点在 y 轴上的双曲线的标准方程（如图 3-18 所示），a、b、c 仍满足 $c^2=a^2+b^2$.

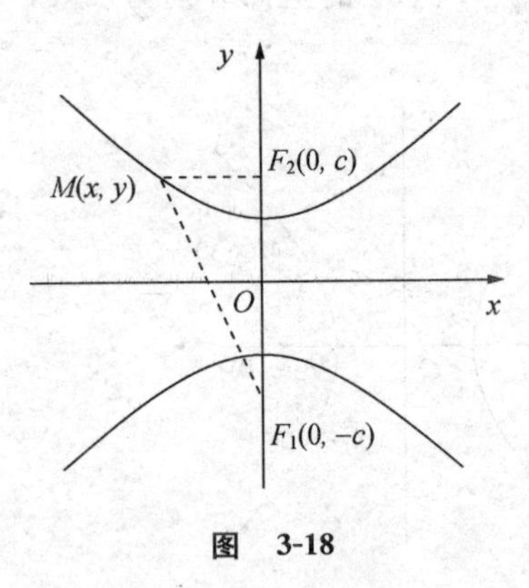

图 3-18

比较方程(3-6)和(3-7)及它们表示的图形后可发现，x^2 项符号为正时，焦点在 x 轴上；y^2 项符号为正时，焦点在 y 轴上.

例 1 已知双曲线的焦点坐标为 $F_1(-4,0)$、$F_2(4,0)$，双曲线上一点 P 到 F_1、F_2 的距离的差的绝对值等于 4，求双曲线的标准方程.

解 因为双曲线的焦点在 x 轴上，所以设它的标准方程为

$$\frac{x^2}{a^2}-\frac{y^2}{b^2}=1\quad(a>0,b>0),$$

由焦点为 $F_1(-4,0)$、$F_2(4,0)$，得 $c=4$，再由 $2a=4$，得 $a=2$，于是

$$b^2=c^2-a^2=4^2-2^2=12,$$

因此所求双曲线的标准方程为

$$\frac{x^2}{4}-\frac{y^2}{12}=1.$$

例 2 设双曲线的焦点是 $F(0,\pm5)$，$a=3$，求双曲线的标准方程.

解 因为双曲线的焦点在 y 轴上，所以设它的标准方程为

$$\frac{y^2}{a^2}-\frac{x^2}{b^2}=1\quad(a>0,b>0),$$

由已知 $a=3$，$c=5$，得

$$b^2=c^2-a^2=5^2-3^2=16,$$

故双曲线的标准方程是

$$\frac{y^2}{9}-\frac{x^2}{16}=1.$$

二、双曲线的性质

下面我们以焦点在 x 轴上的双曲线$\frac{x^2}{a^2}-\frac{y^2}{b^2}=1\ (a>0,b>0)$为例，来研究双曲线的图像和主要性质. 对于焦点在 y 轴上的双曲线$\frac{y^2}{a^2}-\frac{x^2}{b^2}=1\ (a>0,b>0)$的图像和主要性质，类似可得.

1. 对称性

由图 3-19 可观察出：双曲线关于两个坐标轴和原点都是对称的，这时，坐标轴是双曲线的对称轴，坐标原点是双曲线的对称中心，双曲线的对称中心叫做**双曲线的中心**.

2. 范围

由双曲线的标准方程$\frac{x^2}{a^2}-\frac{y^2}{b^2}=1\ (a>0,b>0)$可知，双曲线上点的坐标$(x,y)$都适合不等式$\frac{x^2}{a^2}\geqslant 1$，即 $x^2\geqslant a^2$，得 $x\leqslant -a$ 或 $x\geqslant a$. 可见，双曲线的一支在直线 $x=-a$ 的左边，另一支在直线 $x=a$ 的右边，而在直线 $x=-a$ 和 $x=a$ 之间，没有双曲线的点(如图 3-19(1)所示).

3. 顶点

在双曲线的标准方程里，令 $y=0$，得 $x=\pm a$，因此，双曲线和 x 轴有两个交点 $A_1(-a,0)$、$A_2(a,0)$. 双曲线和它的对称轴的两个交点称为**双曲线的顶点**，线段 A_1A_2 叫做**双曲线的实轴**，它的长等于 $2a$，a 叫做双曲线的**实半轴的长**(如图 3-19(2)所示).

令 $x=0$，得 $y^2=-b^2$，这个方程没有实数根，说明双曲线和 y 轴没有交点，在 y 轴上取点 $B_1(0,-b)$、$B_2(0,b)$，线段 B_1B_2 叫做**双曲线的虚轴**，它的长等于 $2b$，b 叫做双曲线的**虚半轴的长**(如图 3-19(2)所示).

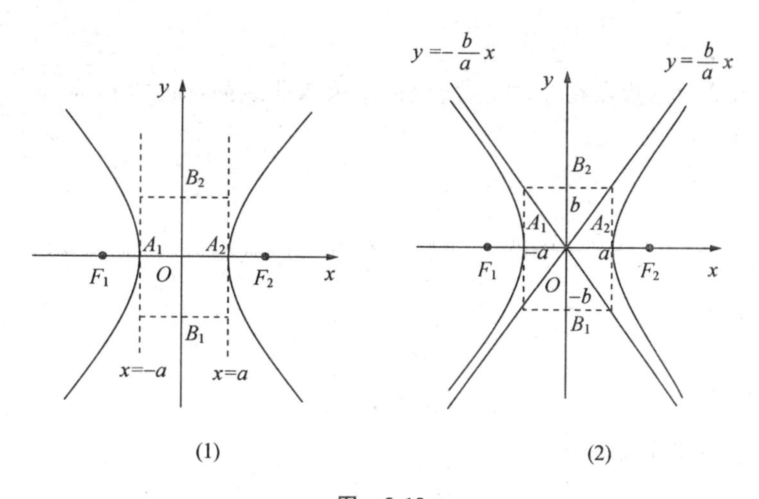

图 3-19

4. 离心率

双曲线的焦距与实轴的长之比，叫做**双曲线的离心率**，通常用 e 表示，即

$$e=\frac{2c}{2a}=\frac{c}{a}.$$

因为 $c>a>0$，所以双曲线的离心率 $e>1$.

5. 渐近线

经过点 A_1、A_2 作 y 轴的平行线 $x=\pm a$，经过点 B_1、B_2 作 x 轴的平行线 $y=\pm b$，四条直线围成一个矩形，矩形的两条对角线所在的直线的方程是 $y=\pm\frac{b}{a}x$（如图 3-19(2)所示），从图中可以看出，双曲线$\frac{x^2}{a^2}-\frac{y^2}{b^2}=1$ 的各支向外延伸时，与这两条直线逐渐接近.

这两条直线 $y=\pm\frac{b}{a}x$ 叫做双曲线$\frac{x^2}{a^2}-\frac{y^2}{b^2}=1$ $(a>0,b>0)$的**渐近线**.

例 4 求双曲线 $4y^2-25x^2=100$ 的实半轴的长和虚半轴的长、焦点坐标和渐近线方程.

解 把方程化为标准形式

$$\frac{y^2}{5^2}-\frac{x^2}{2^2}=1,$$

由此可知，实半轴长 $a=5$，虚半轴长 $b=2$，所以

$$c=\sqrt{a^2+b^2}=\sqrt{5^2+2^2}=\sqrt{29},$$

因双曲线的焦点在 y 轴上，故焦点坐标为

$$F_1(0,-\sqrt{29})、F_2(0,\sqrt{29}),$$

渐近线方程为 $x=\pm\frac{2}{5}y$，即

$$y=\pm\frac{5}{2}x.$$

例 5 已知双曲线的焦点为$(\pm\sqrt{13},0)$，渐近线方程为 $y=\pm\frac{2}{3}x$，求双曲线的标准方程.

解 因为双曲线的焦点在 x 轴上，所以设所求双曲线的标准方程为$\frac{x^2}{a^2}-\frac{y^2}{b^2}=1$. 由已知条件，得

$$\begin{cases}c=\sqrt{13},\\ \frac{b}{a}=\frac{2}{3},\\ c^2=a^2+b^2.\end{cases}$$

解此方程组，得

$$a=3,b=2,$$

于是所求双曲线的标准方程为

$$\frac{x^2}{3^2}-\frac{y^2}{2^2}=1.$$

例 6 已知双曲线的实半轴的长为 4，离心率是$\frac{3}{2}$，求双曲线的标准方程.

解 设所求双曲线的标准方程为

$$\frac{x^2}{a^2}-\frac{y^2}{b^2}=1 \quad 或 \quad \frac{y^2}{a^2}-\frac{x^2}{b^2}=1.$$

由已知条件，得

$$\begin{cases} a=4, \\ \dfrac{c}{a}=\dfrac{3}{2}, \\ c^2=a^2+b^2. \end{cases}$$

解方程组，得

$$b^2=20,$$

所求双曲线的标准方程为

$$\frac{x^2}{16}-\frac{y^2}{20}=1 \quad 或 \quad \frac{y^2}{16}-\frac{x^2}{20}=1.$$

例 7　一炮弹在某处爆炸，在 A 处听到爆炸声的时间比在 B 处晚 2 s，

(1) 爆炸点应在什么样的曲线上？

(2) 已知 A、B 两地相距 800 m，并且此时声速为 340 m/s，求曲线的方程.

解　(1) 由声速及 A、B 两处听到爆炸声的时间差，可知 A、B 两处与爆炸点的距离的差为一个常数，因此爆炸点应位于以 A、B 为焦点的双曲线上.

因为爆炸点离 A 处比离 B 处更远，所以爆炸点应在靠近 B 处的一支上.

(2) 如图 3-20 所示，建立直角坐标系 xOy，使 A、B 两点在 x 轴上，并且原点为线段 AB 的中点.

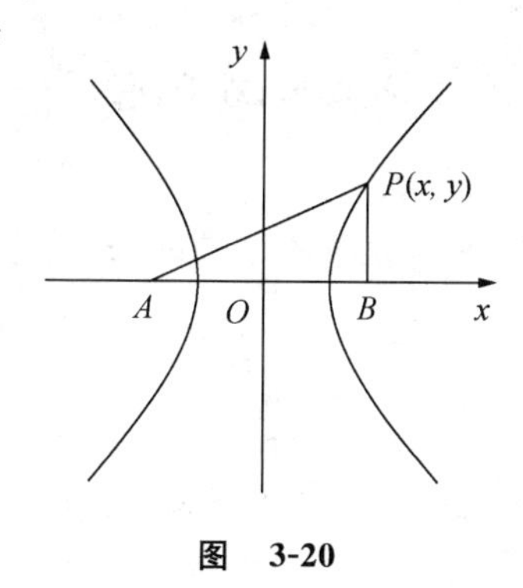

图　3-20

设爆炸点 P 的坐标为 (x,y)，则

$$|PA|-|PB|=340\times 2=680,$$

即

$$2a=680, \quad a=340,$$

又

$$|AB|=800,$$

所以

$$2c=800, \quad c=400,$$

$$b^2=c^2-a^2=400^2-340^2=44\,400,$$

因为

$$|PA|-|PB|=680>0,$$

所以

$$x>0,$$

所求双曲线方程为

$$\frac{x^2}{115\,600}-\frac{y^2}{44\,400}=1 \quad (x>0).$$

上例说明，利用两个不同的观测点测得炮弹爆炸的时间差，可以确定爆炸点所在的曲线的方程，但不能确定爆炸点的准确位置，如果再增设一个观测点 C，利用 B、C（或 A、C）两处测得的爆炸声的时间差，可以求出另一个双曲线的方程，解这两个方程组成的方程组，就能确定爆炸点的准确位置，这是双曲线的一个重要应用.

想一想：如果 A、B 两处同时听到爆炸声，那么爆炸点应在什么曲线上？

在双曲线$\frac{x^2}{a^2}-\frac{y^2}{b^2}=1$中，如果$a=b$，那么双曲线的方程为$x^2-y^2=a^2$，它的实轴和虚轴的长都等于$2a$，我们把实轴和虚轴的长相等的双曲线，叫做**等轴双曲线**. 这时，因为$a=b$，双曲线的渐近线方程为

$$y=\pm x.$$

由于渐近线$y=\pm x$是直线$x=\pm a$和$y=\pm a$所围成的正方形的对角线所在直线，所以等轴双曲线的两条渐近线是互相垂直的（如图 3-21 所示）.

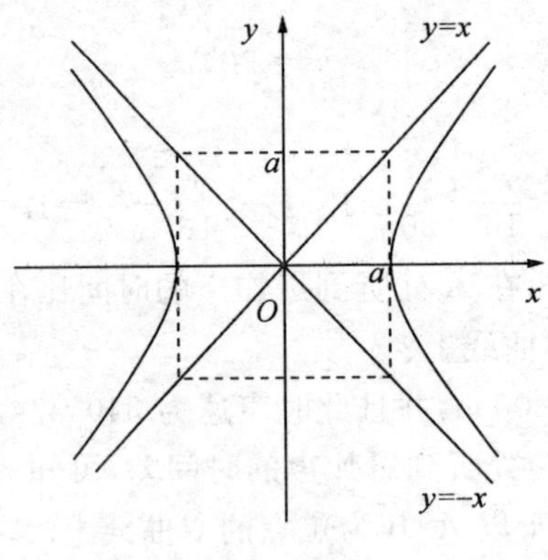

图 3-21

类似地，在双曲线$\frac{y^2}{a^2}-\frac{x^2}{b^2}=1$中，当$a=b$时，得

$$y^2-x^2=a^2.$$

它也是等轴双曲线，只是它的实轴在y轴上，虚轴在x轴上.

习题 3-4

1. 求适合下列条件的双曲线的标准方程.

(1) 实轴长为 6，虚轴长为 8；

(2) $a=2\sqrt{5}$，经过点$A(-5,2)$，焦点在x轴上；

(3) 焦点坐标为$F(\pm 4,0)$，实轴长为 6；

(4) 顶点为$A(\pm 2,0)$，焦点为$F(\pm 2\sqrt{2},0)$.

2. 求下列双曲线的实轴、虚轴的长以及顶点、焦点坐标和渐近线方程.

(1) $25x^2-4y^2=100$； (2) $x^2-2y^2=1$； (3) $4y^2-9x^2=36$.

3. 等轴双曲线的中心在原点，实轴在x轴上，并经过点$(3,-1)$，求它的标准方程.

4. 已知双曲线的虚轴长为 12，焦距为实轴长的 2 倍，求双曲线的标准方程.

5. 求渐近线为$y=\pm\frac{3}{5}x$、焦点坐标为$(\pm 2,0)$的双曲线的标准方程，并作图.

6. 求渐近线为$y=\pm\frac{3}{4}x$且经过点$(2,0)$的双曲线的标准方程，并作图.

7. 根据下列条件判断方程$\frac{x^2}{9-k}+\frac{y^2}{4-k}$表示什么曲线？

(1) $k<4$； (2) $4<k<9$.

8. 双曲线型自然通风塔的外形是双曲线的一部分绕其虚轴旋转所成的曲面，它的最小半径为 12 m，上口半径为 13 m，下口半径为 25 m，高为 55 m，选择适当的坐标系，求出双曲线的标准方程（精确到 1 m）.

第五节　抛　物　线

一、抛物线的定义和标准方程

如图 3-22 所示，把一根直尺固定在图板上直线 l 的位置，把一块三角尺的一条直角边紧靠着直尺的边缘，再把一条细绳的一端固定在三角尺的另一个顶点 A 处，取绳长等于点 A 到直角顶点 C 的长(即点 A 到直线 l 的距离)，并且把绳子的另一端固定在图板上的一点 F，用铅笔尖扣着绳子，使点 A 到笔尖的一段绳子紧靠着三角尺，然后将三角尺沿着直尺上下滑动，笔尖就在图板上画出一条曲线.

从图 3-23 可以看出，这条曲线上任意一点 M 到 F 的距离与它到直线 l 的距离相等，这条曲线就是抛物线.

定义 3.4　平面内与一个定点 F 和一条定直线 l 的距离相等的点的轨迹叫做**抛物线**，定点 F 叫做**抛物线的焦点**，定直线 l 叫做**抛物线的准线**.

下面我们根据抛物线的定义，来求抛物线的标准方程.

如图 3-23 所示，取过点 F 且垂直于 l 的直线为 x 轴，垂足为 H，线段 HF 的中点 O 为原点，建立直角坐标系 xOy.

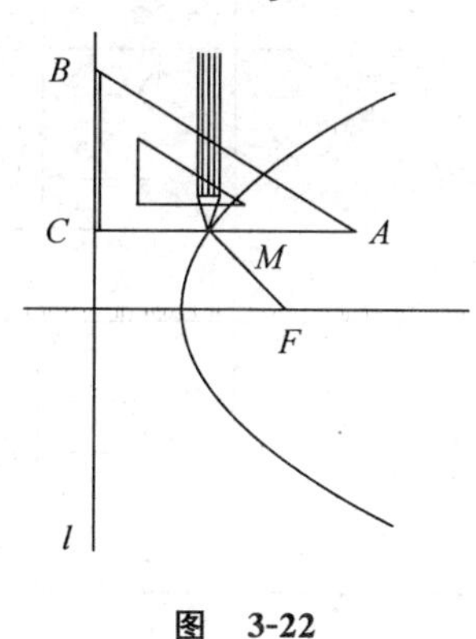

图　3-22

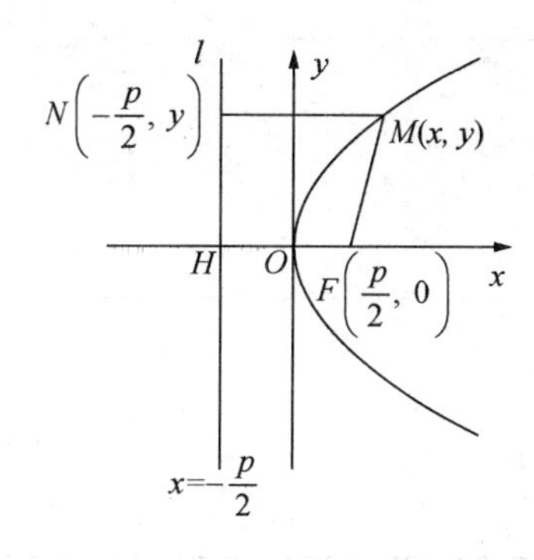

图　3-23

设 $|HF|=p\ (p>0)$，那么焦点 F 的坐标为 $\left(\frac{p}{2},0\right)$，准线 l 的方程为 $x=-\frac{p}{2}$.

设点 $M(x,y)$ 是抛物线上任意一点，作 $MN\perp l$，垂足为 N，则 N 点的坐标为 $\left(-\frac{p}{2},y\right)$.

由抛物线的定义，知

$$|MF|=|MN|,$$

根据两点间的距离公式，得

$$\sqrt{\left(x-\frac{p}{2}\right)^2+y^2}=\sqrt{\left(x+\frac{p}{2}\right)^2},$$

两边平方，得

$$x^2-px+\frac{p^2}{4}+y^2=x^2+px+\frac{p^2}{4},$$

化简，得

$$y^2=2px\ (p>0). \tag{3-8}$$

这个方程叫做**抛物线的标准方程**，它表示的抛物线的焦点在 x 轴的正半轴上，焦点坐标是$\left(\frac{p}{2},0\right)$，它的准线方程是 $x=-\frac{p}{2}$.

类似地，若把抛物线的焦点选择在 x 轴的负半轴、y 轴的正半轴或 y 轴的负半轴上，还可得出如下三种形式的标准方程：

$$y^2=-2px\ (p>0),\quad x^2=2py\ (p>0),\quad x^2=-2py\ (p>0).$$

这四种抛物线的标准方程、焦点坐标、准线方程以及图形如表 3-1 所示.

表 3-1

方程	焦点	准线	图形
$y^2=2px$ $(p>0)$	$F\left(\frac{p}{2},0\right)$	$x=-\frac{p}{2}$	l y O F x
$y^2=-2px$ $(p>0)$	$F\left(-\frac{p}{2},0\right)$	$x=\frac{p}{2}$	y l F O x
$x^2=2py$ $(p>0)$	$F\left(0,\frac{p}{2}\right)$	$y=-\frac{p}{2}$	y F O x l
$x^2=-2py$ $(p>0)$	$F\left(0,-\frac{p}{2}\right)$	$y=\frac{p}{2}$	y l O x F

观察抛物线的四种标准方程及其表示的曲线发现，焦点所在的坐标轴与一次项的未知量同名，一次项的正负与焦点所在半轴的正负相同.

例 1 (1) 求抛物线 $x^2=8y$ 的焦点坐标和准线方程；

(2) 已知抛物线的焦点坐标是 $F(-1,0)$，求它的标准方程.

解 (1) 由抛物线 $x^2=8y$ 知

$$2p=8,\quad p=4,$$

因为焦点在 y 轴的正半轴上，所以焦点坐标是$(0,2)$，于是所求抛物线的准线方程是

$$y=-2.$$

(2) 因为焦点在 x 轴的负半轴上，所以抛物线的方程可设为 $y^2=-2px$，由焦点坐标为 $F(-1,0)$，得

$$-\frac{p}{2}=-1,\quad p=2,$$

于是所求抛物线的标准方程是

$$y^2=-4x.$$

二、抛物线的性质

以标准方程 $y^2=2px$ $(p>0)$为例来研究抛物线的几何性质.

1. 对称性

由图 3-23 观察出:抛物线 $y^2=2px$ $(p>0)$关于 x 轴对称,抛物线的对称轴叫做**抛物线的轴**.

2. 范围

因为 $p>0$,由方程 $y^2=2px$ $(p>0)$可知,这条抛物线上的点 M 的坐标(x,y)满足不等式 $x\geqslant 0$. 所以这条抛物线在 y 轴的右侧,当 x 的值增大时,$|y|$也增大,这说明抛物线 $y^2=2px$ $(p>0)$向右上方和右下方无限延伸,开口向右.

3. 顶点

抛物线和它的轴的交点叫做**抛物线的顶点**. 在方程 $y^2=2px$ $(p>0)$中,当 $y=0$ 时,$x=0$,因此,抛物线 $y^2=2px$ $(p>0)$的顶点就是坐标原点.

类似地,可以知道:

抛物线 $y^2=-2px(p>0)$关于 x 轴对称,顶点在原点,图像在 y 轴左侧,开口向左;

抛物线 $x^2=2py(p>0)$关于 y 轴对称,顶点在原点,图像在 x 轴的上方,开口向上;

抛物线 $x^2=-2py(p>0)$关于 y 轴对称,顶点在原点,图像在 x 轴下方,开口向下.

例 2　求以坐标原点为顶点,对称轴为坐标轴,并且经过点 $M(2,-4)$的抛物线的标准方程.

解　因为抛物线顶点在原点,对称轴可能是 x 轴,也可能是 y 轴,再由点 $M(2,-4)$在第Ⅳ象限,可知抛物线开口向右或开口向下.

(1) 当抛物线开口向右时,抛物线的焦点在 x 轴的正半轴上,可设抛物线的方程为

$$y^2=2px\ (p>0),$$

将点 $M(2,-4)$的坐标代入上式,有

$$(-4)^2=2p\times 2,$$

解得

$$p=4,$$

于是所求抛物线的标准方程为

$$y^2=8x.$$

(2) 当抛物线开口向下时,抛物线的焦点在 y 轴的负半轴上,可设抛物线的方程为

$$x^2=-2py\ (p>0),$$

将点 $M(2,-4)$的坐标代入上式,有

$$2^2=-2p\times(-4),$$

解得

$$p=\frac{1}{2},$$

于是所求抛物线的标准方程为

$$x^2=-y.$$

故所求抛物线的方程为 $y^2=8x$ 或 $x^2=-y$(如图 3-24 所示).

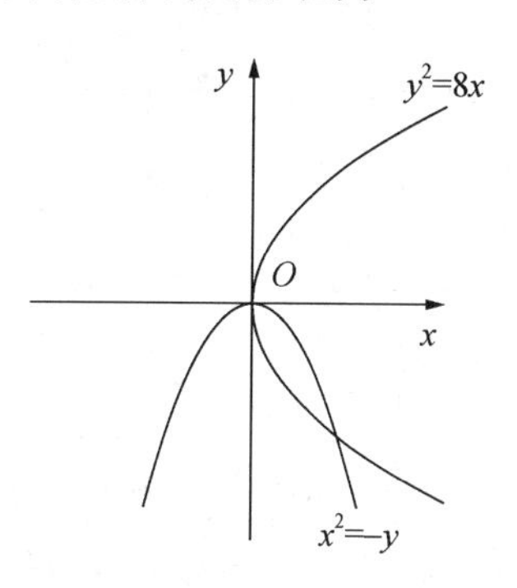

图　3-24

例 3 图 3-25(1)是抛物线形拱的截面，当水面位于 l 时，拱顶离水面 3 m，水面宽 6 m，问水面下降 2 m 后水面宽多少？

解 以抛物线的顶点为原点，对称轴为 y 轴建立直角坐标系（如图 3-25(2)所示），则该抛物线开口向下，设抛物线的方程为 $x^2=-2py\ (p>0)$，由题意知，点(3，−3)在抛物线上，则有

$$3^2=-2p\times(-3)\ (p>0),$$

解得

$$p=\frac{3}{2},$$

于是抛物线方程为

$$x^2=-3y.$$

水面下降 2 m，即纵坐标变为−5，将 $y=-5$ 代入抛物线方程，有

$$x^2=-3\times(-5),$$

解得

$$x_1\approx3.9,\quad x_2\approx-3.9,$$

则此时水面宽为

$$x_1-x_2\approx3.9-(-3.9)=7.8(\text{m}).$$

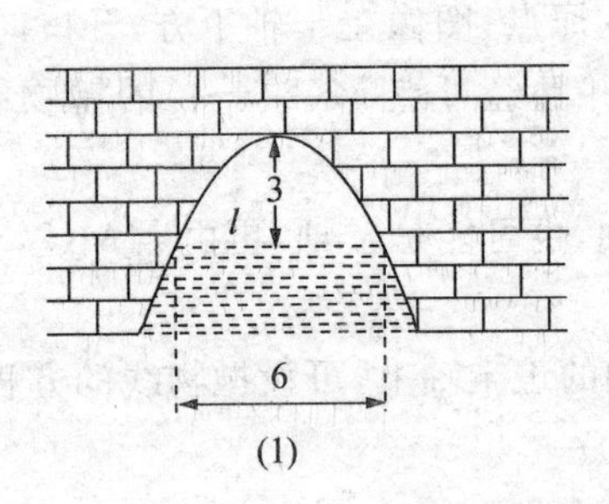

(1)

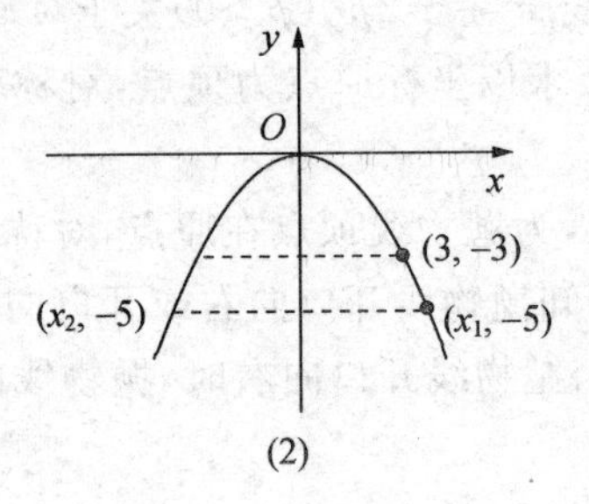

(2)

图 3-25

习 题 3-5

1. 求下列抛物线的焦点坐标、准线方程、对称轴和开口方向.

(1) $3x+y^2=0$；　　(2) $x^2=\frac{3}{2}y$；

(3) $x^2=16y$；　　(4) $y^2=-4x$.

2. 根据下列条件，求抛物线的标准方程.

(1) 对称轴重合于 x 轴，顶点在原点，并且经过点(−2,4)；

(2) 对称轴重合于 x 轴，顶点在原点，并且经过点(−6,−3)；

(3) 顶点在原点，准线为 $x=3$；

(4) 焦点为 $\left(0,-\frac{1}{2}\right)$，准线为 $y=\frac{1}{2}$.

3. 已知两抛物线的顶点都在原点，而焦点分别为(2,0)和(0,2)，求它们的交点.

4. 在抛物线 $y^2=4x$ 上求一点 M，使它到焦点的距离等于 10.

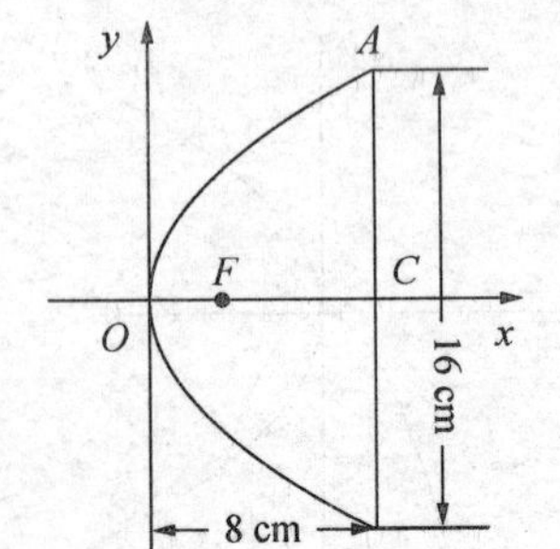

图 3-26

5. 如图 3-26 所示，探照灯反射镜的轴截面是抛物线的一部分，光源位于抛

物线的焦点处,已知灯口圆的直径是16 cm,灯深8 cm,求抛物线的标准方程和焦点位置.

6. 经过抛物线 $y^2=2px$ 的焦点 F,作一条直线垂直于它的对称轴,且和抛物线相交于 P_1、P_2 两点,求线段 P_1P_2 的长.

7. 抛物线的顶点是双曲线 $16x^2-9y^2=144$ 的中心,而焦点是双曲线的右顶点,求抛物线的方程.

*第六节 坐标轴的平移

一、坐标轴平移公式

点的坐标、曲线的方程都和坐标系的选择有关,在不同的坐标系中,同一个点有不同的坐标,同一条曲线有不同的方程.

引例 3.3 在图 3-27 中,圆 O' 的圆心为 O',在坐标系 xOy 中它的坐标是(−2,3),圆的半径为 3,则圆 O' 的方程是

$$(x+2)^2+(y-3)^2=3^2;$$

如果取坐标系 $x'O'y'$(其中 $O'x' /\!/ Ox$、$O'y' /\!/ Oy$),那么在这个坐标系中,圆心 O' 的坐标就变成了(0,0),圆的方程就变成了

$$x'^2+y'^2=3^2.$$

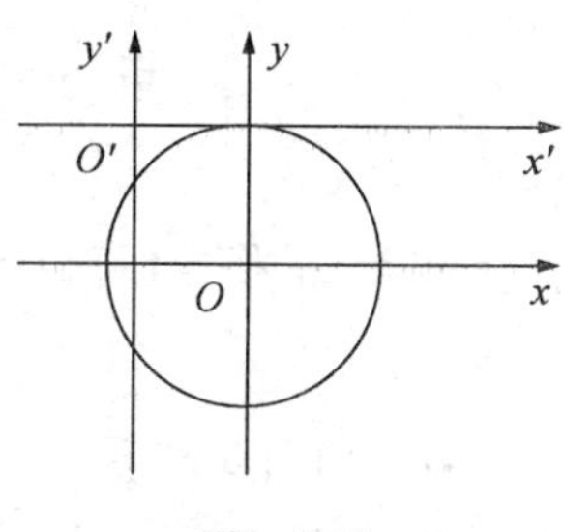

图 3-27

显然,该圆在 $x'O'y'$ 坐标系下的方程比它在 xOy 坐标系下的方程简明.

从这个例子可以看出,把一个坐标系变换为另一个适当的坐标系,可以使曲线的方程简化,在科学研究中,常利用坐标轴位置的平移来简化曲线的方程,便于研究曲线的性质.

坐标轴的方向和长度单位都不改变,只改变原点的位置,这种坐标系的变换叫做**坐标轴的平移**,简称**平移**.

下面研究在平移情况下,同一个点在两个不同的坐标系中坐标之间的关系.

设点 O' 在原坐标系 xOy 中的坐标为 (h,k). 以 O' 为原点平移坐标轴,建立新坐标系 $x'O'y'$. 设平面内任一点 M 在原坐标系中的坐标为 (x,y),在新坐标系中的坐标为 (x',y'),点 M 到 x 轴、y 轴的垂线的垂足分别为 M_1、M_2.

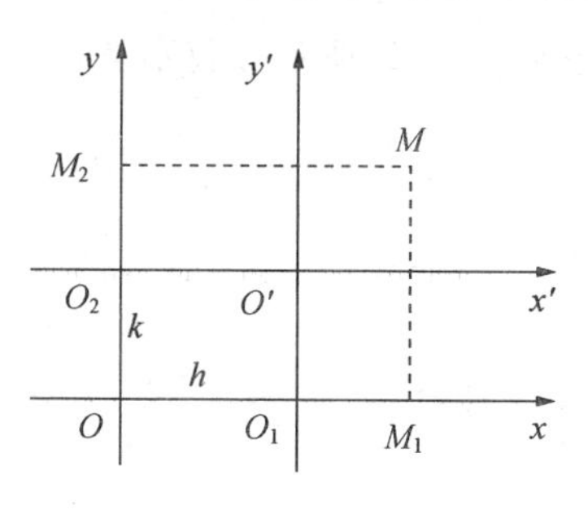

图 3-28

从图 3-28 可以看出

$$x=OO_1+O_1M_1=h+x',$$
$$y=OO_2+O_2M_2=k+y',$$

因此,点 M 的原坐标、新坐标之间有下面的关系

$$\begin{cases} x=x'+h, \\ y=y'+k, \end{cases} \tag{3-9}$$

或者写成

$$\begin{cases} x'=x-h, \\ y'=y-k. \end{cases} \tag{3-10}$$

公式(3-9)、(3-10)叫做**坐标轴的平移公式**. 它们给出了同一点的新坐标和原坐标之间的关系. 利用这两个公式可以变换点的坐标和方程的形式.

例 1 平移坐标轴,把原点移到点 $O'(3,4)$(如图 3-29 所示),求下列各点的新坐标. $O(0,0)$,$A(5,6)$,$B(3,2)$,$C(3,0)$.

解 把已知各点的原坐标分别代入

$$\begin{cases} x'=x-3, \\ y'=y-4, \end{cases}$$

便得到它们的新坐标：$O'(-3,-4)$，$A'(2,2)$，$B'(0,-2)$，$C'(0,-4)$.

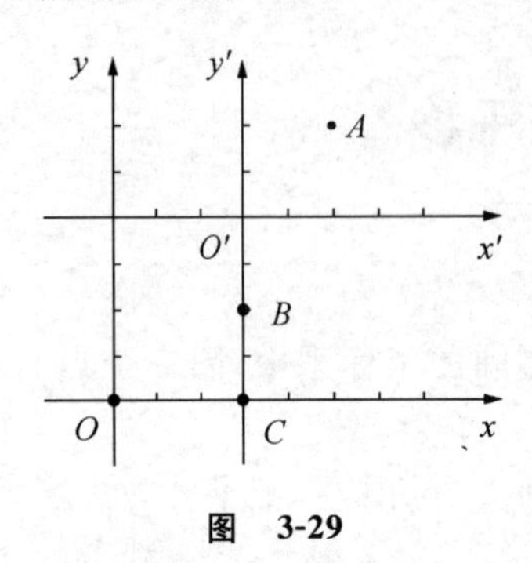

图 3-29

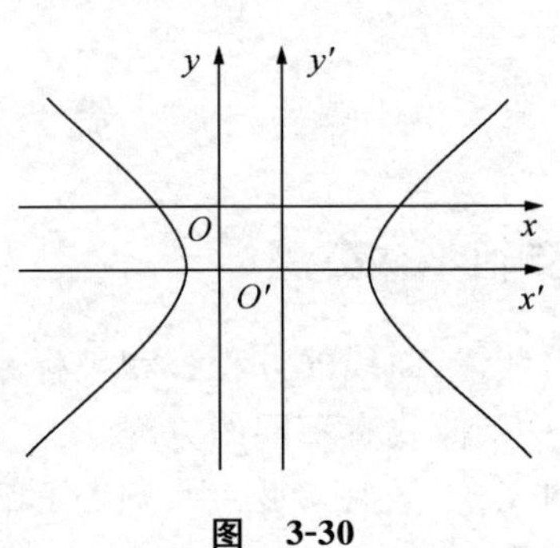

图 3-30

例 2 平移坐标轴，将原点移到 $O'(2,-2)$，求曲线 $\frac{(x-2)^2}{9}-\frac{(y+2)^2}{4}=1$ 在新坐标系下的方程.

解 如图 3-30 所示，设曲线上任意一点的原坐标为 (x,y)，新坐标为 (x',y')，根据题意，有

$$\begin{cases} x'=x-2, \\ y'=y+2, \end{cases}$$

将它们代入所给曲线的方程，就得到新方程

$$\frac{x'^2}{9}-\frac{y'^2}{4}=1.$$

二、坐标轴平移公式的应用

从前面的例子可以看出，适当地平移坐标轴可以化简曲线的方程. 下面研究如何选择适当的新坐标系，利用坐标轴平移公式来化简方程.

例 3 利用坐标轴的平移，化简方程 $4x^2+16y^2-32x-128y+256=0$，使新方程不含一次项.

解 记 $x=x'+h$，$y=y'+k$，代入原方程，得

$$4(x'+h)^2+16(y'+k)^2-32(x'+h)-128(y'+k)+256=0,$$

即

$$4x'^2+16y'^2+8x'(h-4)+32y'(k-4)+4h^2+16k^2-32h-128k+256=0,$$

令 $h-4=0$，$k-4=0$，解得

$$h=4, k=4,$$

代入方程，得

$$4x'^2+16y'^2=64,$$

所以原方程可化为

$$\frac{x'^2}{16}+\frac{y'^2}{4}=1.$$

它表示中心在原点 O'，焦点在 x' 轴上，长半轴长为 4，短半轴长为 2 的椭圆(如图 3-31 所示).

例 4　利用坐标轴的平移，化简方程 $x^2-4x-4y-8=0$，并作图.

解　把原方程按 x 配方，得

$$(x-2)^2=4(y+3).$$

令

$$x'=x-2,y'=y+3,$$

代入配方后的方程，得

$$x'^2=4y'.$$

这就是说，当原点平移到 $O'(2,-3)$ 时，所给方程化为抛物线的标准方程，它的对称轴是 $x=2$，开口向上(如图 3-32 所示).

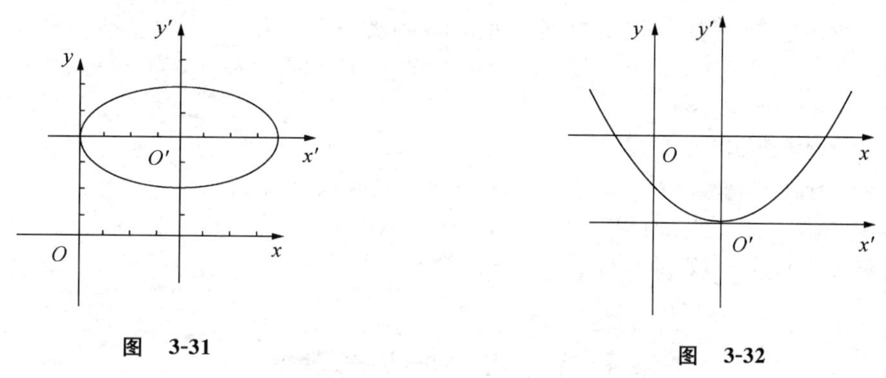

图　3-31　　　　图　3-32

从上面的例子可以看出，二次方程 $Ax^2+Cy^2+Dx+Ey+F=0$(没有 xy 项)通过配方可以化简为下列形式之一：

(1) $\dfrac{(x-h)^2}{a^2}+\dfrac{(y-k)^2}{b^2}=1$ 或 $\dfrac{(x-h)^2}{b^2}+\dfrac{(y-k)^2}{a^2}=1$，其图像是椭圆，它的中心是点 $O'(h,k)$，对称轴为 $x=h$ 和 $y=k$.

当 $a=b=r$ 时，方程表示圆心在 $O'(h,k)$、半径为 r 的圆，即

$$(x-h)^2+(y-k)^2=r^2.$$

(2) $\dfrac{(x-h)^2}{a^2}-\dfrac{(y-k)^2}{b^2}=1$ 或 $\dfrac{(y-k)^2}{a^2}-\dfrac{(x-h)^2}{b^2}=1$，其图像是双曲线，它的中心为点 $O'(h,k)$，对称轴为直线 $x=h$ 和 $y=k$.

(3) $(y-k)^2=\pm 2p(x-h)$，其图像是抛物线，它的顶点在点 $O'(h,k)$，对称轴为直线 $y=k$.

(4) $(x-h)^2=\pm 2p(y-k)$，其图像是抛物线，它的顶点在点 $O'(h,k)$，对称轴为直线 $x=h$.

在上面的方程中，如果利用平移公式 $\begin{cases}x'=x-h\\ y'=y-k\end{cases}$，把原点移到点 $O'(h,k)$，上面的方程就可以化为椭圆(圆)、双曲线或抛物线在新坐标系中的标准方程.

*习 题 3-6

1. 平移坐标轴，使原点移到 O'，求下列各方程的新方程，并作出图像.

(1) $y=3, O'(-2,1)$；

(2) $3x-4y=6, O'(3,0)$；

(3) $x^2+y^2-6x-8y+9=0, O'(3,4)$；

(4) $x^2+2x-12y-47=0, O'(-1,-4)$；

(5) $4x^2+9y^2+16x-18y-11=0, O'(-2,1)$；

(6) $4x^2-y^2-24x+16y=0, O'(3,8)$.

2. 利用坐标轴平称公式化简下列方程，并画出图像.

(1) $x^2+y^2-2x+6y-6=0$；　(2) $9x^2+4y^2-18x+16y-11=0$；

(3) $y^2+6y-8x+17=0$；　(4) $x^2-4y^2-4x-24y-16=0$.

3. 利用配方法化下列方程为标准方程，并指出是什么曲线.

(1) $4x^2+9y^2+8y-36x+4=0$；　(2) $9x^2-4y^2-54x-32y-19=0$；

(3) $x^2-8x-16y+32=0$.

4. 求符合下列条件的曲线的方程.

(1) 短轴两端点的坐标为$(-2,3)$和$(-2,-1)$、半焦距等于$\sqrt{5}$的椭圆；

(2) 实半轴长等于2、焦点分别为$(2,2)$和$(2,-4)$的双曲线；

(3) 焦点在点$(2,-1)$处、准线为 $y+4=0$ 的抛物线.

*第七节　极坐标与参数方程

一、极坐标

在直角坐标系中，可以通过有序实数对来确定平面内点的位置，但它并不是确定平面内点的位置的唯一方法，在某些实际问题中用这种方法并不方便，例如，炮兵射击时是以大炮为基点，利用目标的方位角及目标与大炮之间的距离来确定目标的位置. 在航空、航海中也常使用类似的方法，下面研究如何用角和距离来建立坐标系.

1. 极坐标系

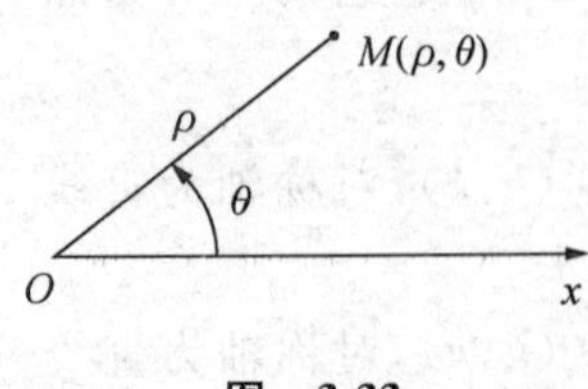

图 3-33

在平面内取一个定点 O，从 O 点引一条射线 Ox，再取定一个单位长度，并规定角度的正方向（通常取逆时针方向），这样就建立了一个**极坐标系**（如图 3-33 所示），点 O 叫做**极点**，射线 Ox 叫做**极轴**.

设 M 为平面内的任意一点，连接 OM，令 $OM=\rho$，θ 表示从 Ox 到 OM 的角度，ρ 叫做点 M 的**极径**，θ 叫做点 M 的**极角**，有序数对(ρ,θ)叫做点 M 的**极坐标**.

极点的极坐标是$(0,\theta)$，其中 θ 可以取任意值.

在极坐标系中，给定极坐标(ρ,θ)，就可以在平面内确定点的位置，如在极坐标系中，坐标分别为$(4,0)$、$\left(2,\frac{\pi}{4}\right)$、$\left(3,\frac{\pi}{2}\right)$、$\left(2,\frac{5\pi}{6}\right)$、$(3,\pi)$、$\left(4,\frac{7\pi}{4}\right)$的点 A、B、C、D、E、F 的位置如图 3-34 所示.

反之，给定平面内的一个点，由于终边相同的角有无穷多个，所以它的极坐标不是唯一的，(ρ,θ)和$(\rho,2k\pi+\theta)(k\in\mathbf{Z})$表示同一个点，如图 3-34 中点 A、B、C、D、E、F 的坐标还可以分别表示为$(4,2\pi)$、$\left(2,\frac{9\pi}{4}\right)$、$\left(3,-\frac{3\pi}{2}\right)$、$\left(2,-\frac{7\pi}{6}\right)$、$(3,-\pi)$、$\left(4,-\frac{\pi}{4}\right)$.

一般情况下，极径都取正值，但为了实际需要，有时极径 ρ 也可取负值，规定：当 $\rho<0$ 时，在角 θ 的终边的反向延长线上取点 M，使$|OM|=|\rho|$，则点 M 的坐标就是(ρ,θ)（如图 3-35 所示），例如图 3-34 中的点 A、B，如果取 $\rho<0$，就可以表示为$(-4,\pi)$、$\left(-2,\frac{5\pi}{4}\right)$.

一般地，$(-\rho,\theta+\pi)$与(ρ,θ)表示同一个点.

当然，如果限定 $\rho>0$，$0\leqslant\theta<2\pi$，则除极点外，平面内的点与它的极坐标就可以一一对应了.

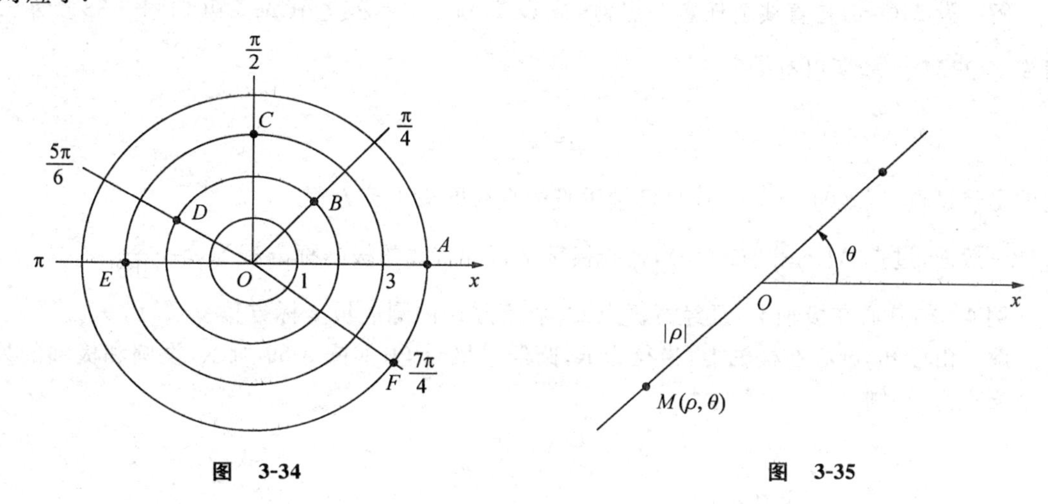

图　3-34　　　图　3-35

2. 曲线的极坐标方程

在直角坐标系中，曲线可以用含有 x、y 的方程 $f(x,y)=0$ 来表示，同样，在极坐标系中，曲线可以用含有 ρ、θ 的方程 $f(\rho,\theta)=0$ 来表示，这种方程叫做**曲线的极坐标方程**.

求曲线的极坐标方程的方法和步骤与求曲线的直角坐标方程的方法类似，就是把曲线看作适合某种条件的点的集合或轨迹，把已知条件用曲线上点的极坐标 ρ、θ 的关系式 $f(\rho,\theta)=0$ 表示出来，就得到曲线的极坐标方程.

例 1　求过极点，倾斜角为$\frac{\pi}{4}$的直线的极坐标方程.

解　设 $M(\rho,\theta)$为直线上任意一点.

因为不论 ρ 取什么值，总有 $\theta=\frac{\pi}{4}$，故 $\theta=\frac{\pi}{4}$就是过极点，倾斜角为$\frac{\pi}{4}$的直线的极坐标方程（如图 3-36 所示）.

一般地，过极点且倾斜角为 α 的直线的极坐标方程为 $\theta=\alpha$.

例 2　求圆心在极点、半径为 R 的圆的极坐标方程.

解　设 $M(\rho,\theta)$为圆上任意一点.

因为圆上任意一点到极点的距离都等于半径 R，所以不论 θ 取什么值，总有 $\rho=R$.

故 $\rho=R$ 就是圆心在极点、半径为 R 的圆的极坐标方程（如图 3-37 所示）.

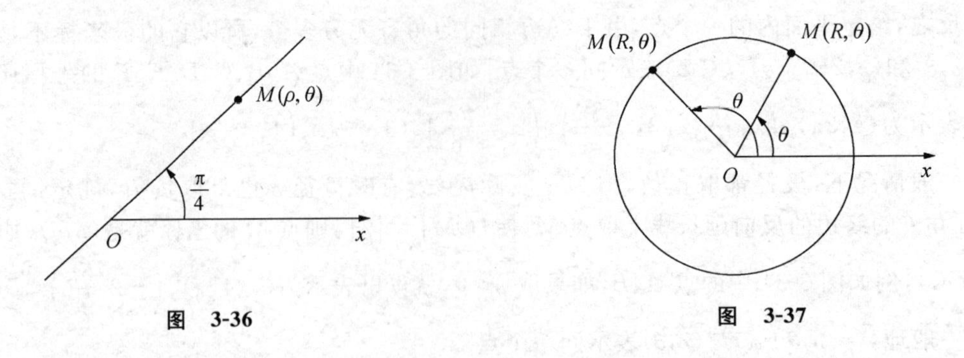

图 3-36　　图 3-37

例 3　求经过点 $A(a,0)$ $(a\neq 0)$且与极轴垂直的直线的极坐标方程.

解　设 $M(\rho,\theta)$是直线上任意一点,连接 OM,则 $OM=\rho$,$\angle AOM=\theta$(如图 3-38 所示).因为$\angle OAM=\frac{\pi}{2}$,所以有

$$\rho=\frac{a}{\cos\theta}.$$

这就是经过点 $A(a,0)$ $(a\neq 0)$且与极轴垂直的直线的极坐标方程.

一般地,过点 $A\left(a,\frac{\pi}{2}\right)(a\neq 0)$,且与极轴平行的直线的极坐标方程为 $\rho=\frac{a}{\sin\theta}$.

例 4　求圆心在极轴上,且经过极点 O、半径为 R 的圆的极坐标方程.

解　由已知,圆心在极轴上,半径为 R,圆经过极点 O,如图 3-39 所示,设圆和极轴的另一个交点为 A,则

$$OA=2R.$$

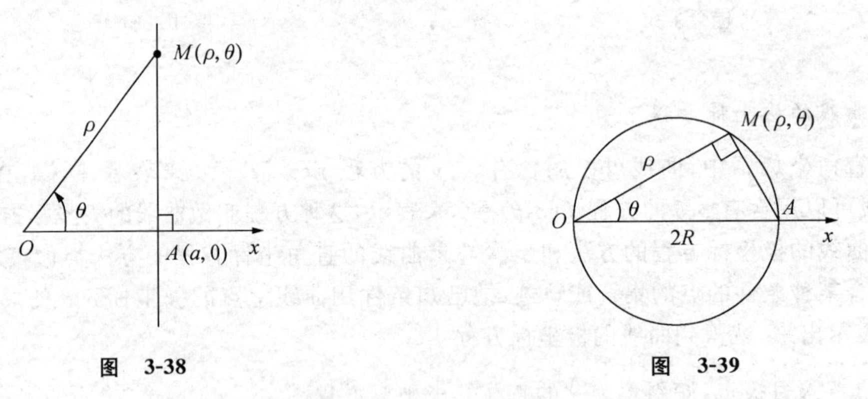

图 3-38　　图 3-39

设点 $M(\rho,\theta)$是圆上任意一点,连接 OM、MA,则

$$OM=\rho,\quad \angle AOM=\theta,\quad \angle OMA=\frac{\pi}{2},$$

所以在直角$\triangle OMA$ 中,有

$$\frac{\rho}{2R}=\cos\theta,$$

即 $\rho=2R\cos\theta$ 为所求的圆的极坐标方程.

例 5　当一个动点沿一条射线作等速运动,而射线又绕着它的端点作等角速旋转时,这个动点的轨迹叫做**等速螺线**(或**阿基米德螺线**).求等速螺线的极坐标方程.

解　如图 3-40 所示，以射线 l 的端点为极点 O，射线的初始位置为极轴 Ox，设曲线上动点 M 的坐标为 (ρ,θ)，动点的初始位置的坐标为 $(\rho_0,0)$，M 点在 l 上运动的速度为 v，l 绕点 O 转动的角速度为 ω.

可以看出，经过时间 t，M 点的极径为

$$\rho=\rho_0+vt, \tag{1}$$

极角为

$$\theta=\omega t, \tag{2}$$

由(2)式，得

$$t=\frac{\theta}{\omega}, \tag{3}$$

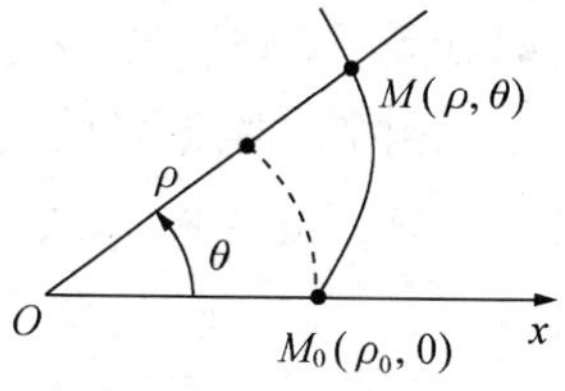

图　3-40

将(3)式代入(1)式，得

$$\rho=\rho_0+\frac{v}{\omega}\theta. \tag{4}$$

令 $\frac{v}{\omega}=a$，代入(4)式，得

$$\rho=\rho_0+a\theta \quad (a、\rho_0\ \text{为常数，且}\ a\neq0).$$

这就是等速螺线的极坐标方程，ρ 是 θ 的一次函数.

如果令 $\rho_0=0$，即动点 M 由极点 O 开始运动，等速螺线的方程变为

$$\rho=a\theta,$$

这时，极径 ρ 与极角 θ 成正比.

3. 极坐标与直角坐标的互化

极坐标系和直角坐标系是两种不同的坐标系，同一个点可以有极坐标，也可以有直角坐标；同一条曲线可以有极坐标方程，也可以有直角坐标方程. 为了研究问题方便，有时需要把极坐标与直角坐标互化.

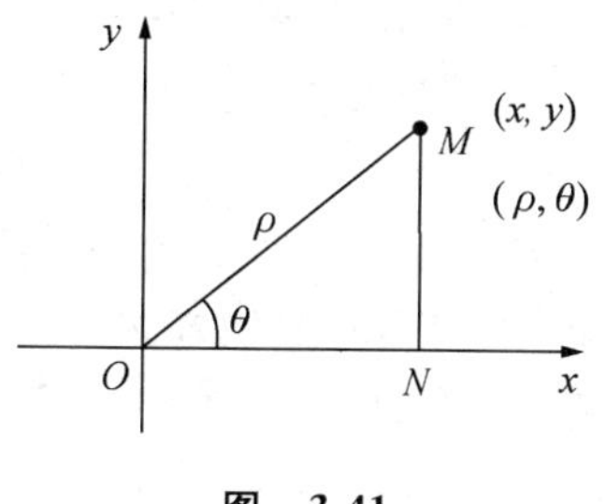

图　3-41

如图 3-41 所示，把直角坐标系的原点作为极点，x 轴的正半轴作为极轴，并在两种坐标系中取相同的单位长度. 设 M 是平面内任意一点，它的直角坐标是 (x,y)，极坐标是 (ρ,θ)，从点 M 作 $MN\perp Ox$，由三角函数定义，可以得出 x、y 与 ρ、θ 之间的关系为

$$\begin{cases}x=\rho\cos\theta,\\ y=\rho\sin\theta.\end{cases} \tag{3-11}$$

由公式(3-11)，可以得出下面的关系式

$$\begin{cases}\rho^2=x^2+y^2,\\ \tan\theta=\dfrac{y}{x},\end{cases} \tag{3-12}$$

这里 $x\neq0$.

为了使点 M(极点除外)的极坐标唯一，一般可取 $\rho>0$、$0\leqslant\theta<2\pi$，在由 $\tan\theta$ 求角 θ 时，应根据点 M 所在的象限来决定.

例 6　把点 M 的极坐标 $\left(\sqrt{2},\frac{3\pi}{4}\right)$ 化为直角坐标.

解　由公式(3-11)，得

$$x=\sqrt{2}\cos\frac{3\pi}{4}=-1,$$

$$y=\sqrt{2}\sin\frac{3\pi}{4}=1,$$

即点 M 的直角坐标为$(-1,1)$.

例 7 把点 M 的直角坐标$(\sqrt{3},-1)$化为极坐标.

解 由公式(3-12)，得

$$\rho=\sqrt{(\sqrt{3})^2+(-1)^2}=2,$$

$$\tan\theta=\frac{-1}{\sqrt{3}}=-\frac{\sqrt{3}}{3}.$$

因为点 $M(\sqrt{3},-1)$在第Ⅳ象限，所以取

$$\theta=\frac{11\pi}{6}.$$

于是点 M 的极坐标为$\left(2,\frac{11\pi}{6}\right)$.

例 8 将圆的直角坐标方程 $x^2+(y-a)^2=a^2(a>0)$化为极坐标方程（如图 3-42 所示）.

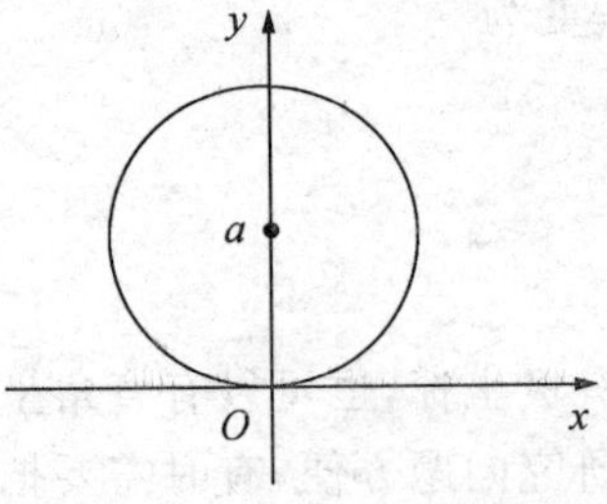

图 3-42

解 将 $x^2+(y-a)^2=a^2(a>0)$展开并化简，得

$$x^2+y^2-2ay=0,$$

将 $x=\rho\cos\theta, y=\rho\sin\theta$ 代入上式，得

$$\rho^2\cos^2\theta+\rho^2\sin^2\theta-2a\rho\sin\theta=0,$$

化简，得

$$\rho(\rho-2a\sin\theta)=0,$$

于是

$$\rho=0 \quad 或 \quad \rho=2a\sin\theta.$$

由于 $\rho=0$ 表示极点，$\rho=2a\sin\theta$ 包含了极点，所以 $\rho=2a\sin\theta$ 为所求圆的极坐标方程.

二、参数方程

前面已经研究过，对于平面上的一条曲线，在平面直角坐标系中可以用含有坐标 x 和 y 的方程来表示，在极坐标系中可以用含有坐标 ρ 和 θ 的方程来表示. 但在实际问题中，有些曲线用这两种方程直接来表示都比较困难，而通过另一个变量间接地表示 x 和 y（或 ρ 和 θ）之间的关系都比较方便，这就是我们要讨论的参数方程.

1. 参数方程的概念

先看下面的例子.

引例 3.4 设炮弹的发射角为 α，发射的初速度为 v_0，求炮弹运动的轨迹方程.

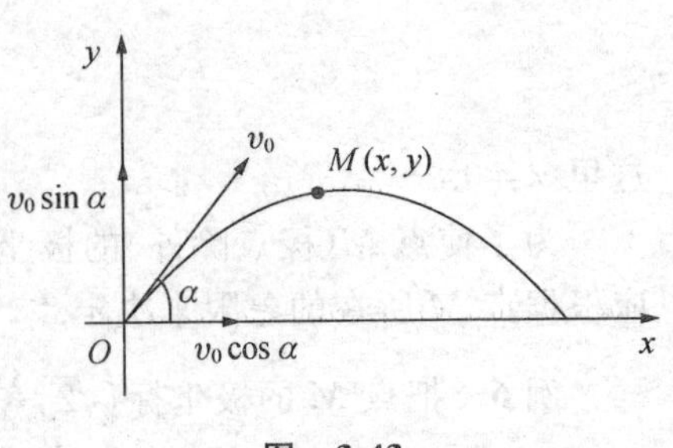

图 3-43

解 取炮口为原点，水平方向为 x 轴，建立直角坐标系（如图 3-43 所示），设点 $M(x,y)$为炮弹在运动中的任意一个位置，可以看出，要用 x 和 y 之间的直接关系来表示炮弹运动的方程是有困难的. 但是我们知道，

炮弹运动的轨迹是由炮弹在各个时刻的位置来决定的，下面就来分析炮弹在任意位置的坐标 x 和 y 分别与时间 t 之间的关系. 如果不考虑地心引力，则经时间 t，炮弹运动到 T，于是 $OT=v_0t$，但事实上，炮弹受地心引力的影响，不在点 T，而在点 M，由于点 M 的横坐标为

$$x=v_0t\cos\alpha,$$

纵坐标为

$$y=v_0t\sin\alpha-\frac{1}{2}gt^2,$$

因此炮弹运动的方程组为

$$\begin{cases}x=v_0t\cos\alpha,\\ y=v_0t\sin\alpha-\dfrac{1}{2}gt^2,\end{cases}\quad 0\leqslant t\leqslant t_1.$$

其中 g 是重力加速度(取 $9.8\,\mathrm{m/s^2}$)，t_1 是炮弹落地的时刻，这里，v_0、α 和 g 都是常数，对应于 $t\in[0,t_1]$的每一个值都可确定炮弹相应的位置 $M(x,y)$. 因此 t 在$[0,t_1]$上连续变化时，$M(x,y)$就描出了炮弹运动的轨迹，这样建立的 x、y 与另一个变量 t 之间的关系不仅方便，而且还可以反映变量的实际意义，上面方程组中的两个方程就分别反映出炮弹飞行的水平距离、高度与时间的关系.

一般地，在取定的坐标系中，如果曲线上任一点的坐标(x,y)或(ρ,θ)都是另一个变量 t 的函数，即

$$\begin{cases}x=x(t),\\ y=y(t).\end{cases}\tag{3-13}$$

或

$$\begin{cases}\rho=\rho(t),\\ \theta=\theta(t).\end{cases}\tag{3-14}$$

并且对于 t 的每一个允许值，由方程组(3-13)或(3-14)所确定的点 $M(x,y)$或 $M(\rho,\theta)$都在这条曲线上，那么方程组(3-13)或(3-14)就叫做这条**曲线的参数方程**，其中 t 叫做参变数，简称**参数**，参数方程中的参数可以是有物理意义或几何意义的变数，也可以是没有明显意义的变数. 相对于参数方程来说，前面学过的直接给出曲线上点的坐标关系的方程，如直角坐标方程 $f(x,y)=0$、极坐标方程 $f(\rho,\theta)=0$ 统称为**普通方程**.

2. 参数方程和普通方程的互化

将曲线的参数方程化为普通方程，只要设法消去参数 t，就得到两个变量间的直接关系.

例 9 把参数方程

$$\begin{cases}x=v_0t\cos\alpha, & (1)\\ y=v_0t\sin\alpha-\dfrac{1}{2}gt^2 & (2)\end{cases}$$

化为普通方程.

解 由方程(1)，得

$$t=\frac{x}{v_0\cos\alpha},\tag{3}$$

将方程(3)代入方程(2)，得

$$y=v_0\cdot\frac{x}{v_0\cos\alpha}\cdot\sin\alpha-\frac{1}{2}g\cdot\left(\frac{x}{v_0\cos\alpha}\right)^2,$$

化简，得普通方程

$$y=(\tan\alpha)x-\frac{g}{2v_0^2\cos^2\alpha}x^2.$$

这是一个二次函数，所以原参数方程表示的点的轨迹是抛物线.

例 10 把参数方程

$$\begin{cases}x=\sin t, & (1)\\ y=\cos^2 t & (2)\end{cases}$$

化为普通方程，并说明它表示什么曲线.

解 将方程(1)的两边平方，得

$$x^2=\sin^2 t,$$

即

$$x^2=1-\cos^2 t, \quad (3)$$

将方程(2)代入方程(3)，得普通方程

$$x^2=1-y,$$

即

$$x^2=-(y-1) \quad (0\leqslant y\leqslant 1).$$

显然，它的图像是抛物线，顶点在(0,1)，对称轴为 y 轴，开口向下.

由于 $y=\cos^2 t\geqslant 0$，故它的图像仅为 x 轴上方的部分（如图 3-44 所示）.

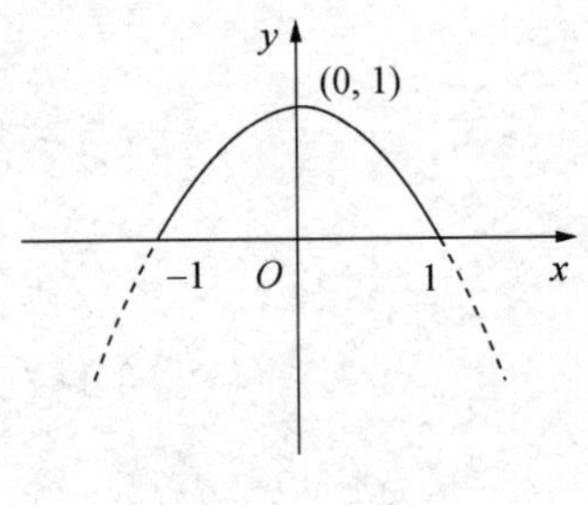

图 3-44

与上述曲线的参数方程化为普通方程的情况相反，也可将曲线的普通方程化为参数方程.

例 11 化直线的点斜式方程 $y-y_0=\tan\alpha\cdot(x-x_0)$ 为参数方程.

解 将直线的点斜式方程变形为

$$\frac{y-y_0}{\sin\alpha}=\frac{x-x_0}{\cos\alpha}.$$

设上述比值为 t，取 t 为参数，得

$$\begin{cases}\dfrac{x-x_0}{\cos\alpha}=t,\\ \dfrac{y-y_0}{\sin\alpha}=t,\end{cases}$$

即

$$\begin{cases}x=x_0+t\cos\alpha,\\ y=y_0+t\sin\alpha .\end{cases}$$

这就是经过点 (x_0,y_0)，倾斜角为 α 的直线的参数方程.

3. 曲线的参数方程的建立

建立曲线的参数方程，除去由曲线的普通方程化为参数方程以外，通常是把曲线看作动点的轨迹，选取适当的参数 t，使曲线上的点的坐标 x 与 y（或 ρ 与 θ）分别由参数 t 来表示，下面介绍一些常见曲线的参数方程.

例 12 椭圆的参数方程.

解 设点 $M(x,y)$ 是椭圆 $\frac{x^2}{a^2}+\frac{y^2}{b^2}=1\ (a>b>0)$ 上的任意一点,以原点为圆心、分别以 a 和 b 为半径作两个辅助圆(如图 3-45 所示),过 M 作直线 MA' 垂直于 x 轴,垂足为 A',交大辅助圆于 A,连接 OA,设 $\angle AOx=t$,取 t 为参数,则

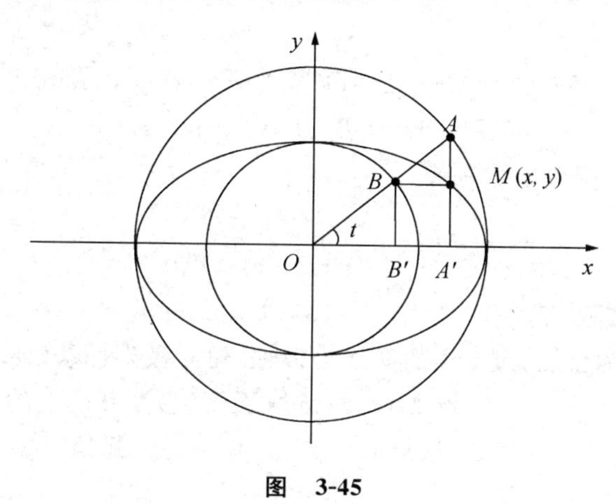

图 3-45

$$x=OA'=a\cos t,$$

代入所给椭圆方程,得

$$y=A'M=b\sin t,$$

因此所求椭圆的参数方程为

$$\begin{cases}x=a\cos t,\\ y=b\sin t.\end{cases}$$

这里,参数 t 叫做椭圆上点 M 的**偏心角**(**或离心角**).

例 13 如图 3-46(1)所示,把一根没有弹性的绳子绕在一个固定的圆盘上,然后在绳子的外端 M 处把绳拉紧并逐渐展开,让绳的拉直部分始终保持和圆相切,这时绳的外端点 M 的轨迹叫做**圆的渐开线**,这个圆叫做渐开线的**基圆**.求圆的渐开线的参数方程.

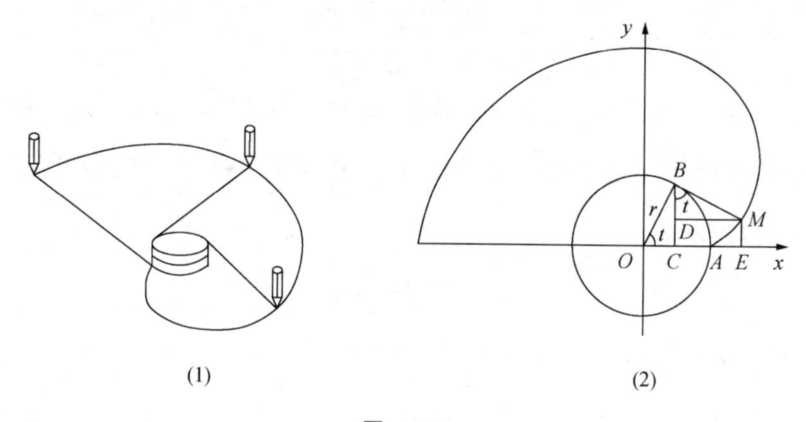

图 3-46

解 (1) 直角坐标参数方程

设基圆的圆心为 O,半径为 r,绳子外端的初始位置为 A,以 O 为原点,过 OA 的直线为

x 轴，建立直角坐标系（如图 3-46(2)所示）.

设 $M(x,y)$ 是渐开线上任意一点，BM 是圆的切线，连 OB，取 $\angle BOx=t$（弧度）为参数，根据圆的渐开线的定义，得

$$BM=\widehat{BA}=rt.$$

作 $ME\perp Ox$、$BC\perp Ox$、$MD\perp BC$，垂足分别为 E、C、D，则 $\angle MBD=t$，由此可得点 M 的坐标为

$$x=OE=OC+CE=OC+DM=r\cos t+rt\sin t,$$
$$y=EM=CD=CB-DB=r\sin t-rt\cos t.$$

故圆的渐开线的直角坐标参数方程为

$$\begin{cases}x=r(\cos t+t\sin t),\\ y=r(\sin t-t\cos t).\end{cases}$$

(2) 极坐标参数方程

取基圆的圆心 O 为极点，过 OA 的射线为极轴，建立极坐标系（如图 3-47 所示）.

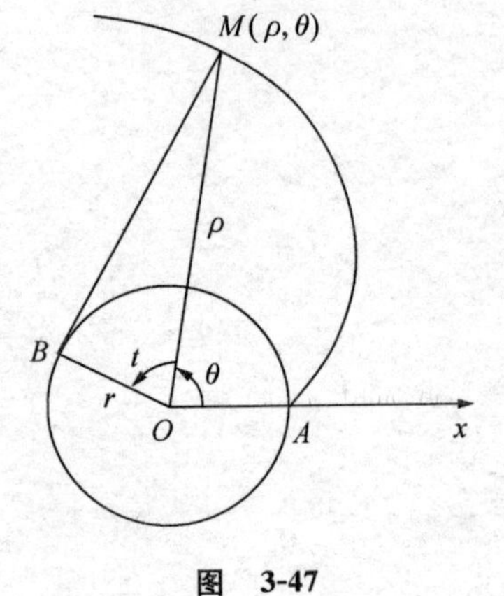

图 3-47

设 $M(\rho,\theta)$（θ 取弧度）为渐开线上的任意一点，BM 为圆的切线，连接 OB，取 $\angle BOM=t$（弧度）为参数，根据渐开线的定义，得

$$BM=\widehat{BA}=r(\theta+t).$$

在直角△OBM 中，有

$$\rho=\frac{r}{\cos t},$$
$$BM=r\tan t,$$

所以

$$r(\theta+t)=r\tan t,$$

于是

$$\theta=\tan t-t$$

因此所求的圆的渐开线的极坐标参数方程为

$$\begin{cases}\rho=\dfrac{r}{\cos t},\\ \theta=\tan t-t.\end{cases}$$

由图 3-47 可知，极角 θ 和极径 ρ 都是随着 t 的变化而变化的，参数 t 的取值范围是 $0\leqslant t<\frac{\pi}{2}$. 用圆的渐开线作齿形曲线时，$t$ 叫做压力角，它的大小和 M 点的位置有关，ρ 愈大（M 离轮心愈远）压力角也愈大.

*习 题 3-7

1. 在极坐标系中描出下列各点，并将它们化为直角坐标：

A. $(1,\sqrt{3})$； B. $\left(2,-\frac{\pi}{6}\right)$； C. $\left(3,\frac{3\pi}{4}\right)$； D. $(4,0)$.

2. 将下列各点的直角坐标化为极坐标：

A. $(1,\sqrt{3})$； B. $(-\sqrt{3},\sqrt{3})$； C. $(\sqrt{3},-1)$； D. $(-1,-\sqrt{3})$.

3. 将下列极坐标方程化为直角坐标方程：

(1) $\rho=\frac{a}{\cos\theta}$；　　(2) $\rho=\frac{a}{1+\cos\theta}$；

(3) $\rho^2\sin 2\theta=2a^2$；　　(4) $\rho=5\sin\theta$.

4.将下列直角坐标方程化为极坐标方程：

(1) $x=5$；　　(2) $y+4=0$；

(3) $2x-5y=0$；　　(4) $x^2+y^2=25x$；

(5) $x^2+y^2=a^2(x-y)$；　　(6) $x^2-y^2=a^2$.

5.求经过点 $A\left(3,\frac{\pi}{3}\right)$并与极轴平行的直线的极坐标方程.

6.求经过点 $A(4,0)$并与极轴成45°角的直线的极坐标方程.

7.求圆心在点$\left(-5,\frac{\pi}{3}\right)$、半径为5的圆的极坐标方程.

8.将下列参数方程化为普通方程：

(1) $\begin{cases}x=2+t\\y=2-3t\end{cases}$（$t$为参数）；　　(2) $\begin{cases}x=5+\cos t\\y=\sin-5\end{cases}$（$t$为参数）；

(3) $\begin{cases}x=\sqrt{2}\cos\theta\\y=3\sin\theta\end{cases}$（$\theta$为参数）；　　(4) $\begin{cases}x=\cos^2\theta\\y=\sin\theta\end{cases}$（$\theta$为参数）；

(5) $\begin{cases}x=2+3\cos\theta\\y=5\sin\theta\end{cases}$（$\theta$为参数）；　　(6) $\begin{cases}x=\frac{a}{\cos t}\\y=b\tan t\end{cases}$（$t$为参数）.

9.根据所给条件，把下列各方程化为参数方程.

(1) $4x^2+y^2=16$，设 $x=2\cos\theta$（θ为参数）；

(2) $xy=a^2$，设 $x=a\tan\theta$（θ为参数）；

(3) $x^3+y^3=a^3$，设 $x=a\sin 2\theta$（θ为参数）.

10.求圆心在(2,1)、半径为4的圆在直线$\begin{cases}x=2+2t\\y=1-t\end{cases}$上所截弦的长.

11.试证圆 $x^2+y^2=9$ 与直线$\begin{cases}x=3t\\y=4t-5\end{cases}$相切.

12.求直线$\begin{cases}x=-1+t\\y=1-t\end{cases}$与双曲线 $4x^2-y^2=12$ 的交点，并作图.

13.自高为 h 的山顶上沿水平方向发射炮弹，初速为 v_0，如不计空气阻力，求炮弹的弹道方程(以时刻 t 为参数)，并求炮弹落地的时间.

14.以初速 $v_0=20$ m/s、并与水平面成45°角的方向投掷手榴弹，若不计空气阻力，求手榴弹运动轨迹的参数方程和投掷的距离(以时刻 t 为参数).

复习题三

1.判断题：

(1) 曲线 $x^2-3x-2y+6=0$ 过点 $A(-2,3)$；　(　　)

(2) 圆 $x^2+y^2-6x=0$ 的圆心是(3,0)、半径是3；　(　　)

(3) 在椭圆方程$\frac{x^2}{a^2}+\frac{y^2}{b^2}=1$ $(a>b>0)$中有 $a^2-b^2=c^2$；　(　　)

(4) 方程 $x^2+y^2+\lambda x=0$ 表示圆，则 $\lambda\in\mathbf{R}$；　(　　)

(5) 双曲线$\frac{x^2}{a^2}-\frac{y^2}{b^2}=1$ $(a>0,b>0)$中的 a 一定大于 b；　(　　)

(6) 焦距为10、$2a=8$的双曲线的标准方程一定是$\frac{x^2}{16}-\frac{y^2}{9}=1$； ( )

(7) 若方程$16x^2+ky^2=16k$表示焦点在y轴上的椭圆，则$0<k<16$； ( )

(8) 抛物线$x^2=-y$的准线方程是$y=\frac{1}{2}$； ( )

(9) 双曲线$x^2-y^2=4$与双曲线$x^2-y^2=-4$的焦距和焦点都相同； ( )

*(10) 双曲线$\frac{(x+2)^2}{4}-\frac{(y-1)^2}{6}=1$的中心是点(0,0). ( )

2. 填空题：

(1) 圆心在点(1,1)、并经过点(−3,4)的圆的标准方程是________.

(2) 椭圆$11x^2+20y^2=220$的焦距等于________.

(3) 直线$y=2x+b$与圆$x^2+y^2=9$相切，则$b=$________.

(4) 椭圆$\frac{x^2}{144}+\frac{y^2}{36}=1$的长轴的长等于________.

(5) 如果双曲线的一个焦点是(4, 0)、一条渐近线是$x-y=0$，则另一条渐近线是________，双曲线的方程是________.

(6) 抛物线$2x^2-5y=0$的开口方向为________、焦点坐标为________、准线方程为________.

*(7) 曲线$4x^2+9y^2+16x-18y-11=0$进行坐标轴平移，新原点的原坐标为________时，方程可化简为标准方程________.

*(8) 曲线$y^2-12x+6y+33=0$进行坐标轴平移，新原点的原坐标为________时，方程可化简为标准方程________.

(9) 以(−1,3)、(3,1)为直径两端点的圆的方程是________.

(10) 设F_1、F_2是椭圆$\frac{x^2}{64}+\frac{y^2}{36}=1$的两个焦点，$P$是椭圆上的一点，$|PF_1|=10$，则$|PF_2|=$________.

3. 选择题：

(1) 下面的点在曲线$x^2+y^2-2x+2y=14$上的是( ).

A. (1,2)； B. (0,−2)； C. (1,6)； D. (1,3).

(2) 已知$\triangle ABC$的面积为4，A、B两点的坐标分别为(−2,0)和(2,0)，则顶点C的轨迹方程是( ).

A. $y=2$； B. $y=-2$；

C. $y=-2$和$y=2$； D. 以上答案都不对.

(3) 经过点$A(1,0)$、$B(-1,1)$、$C(0,0)$的圆的方程是( ).

A. $x^2+y^2-x+3y=0$； B. $x^2+y^2-x-3y=0$；

C. $x^2+y^2+x+3y=0$； D. $x^2+y^2+x+y=0$.

(4) 与椭圆$\frac{x^2}{9}+\frac{y^2}{4}=1$有公共焦点的椭圆的方程是( ).

A. $\frac{x^2}{4}+\frac{y^2}{9}=1$； B. $\frac{x^2}{3}+\frac{y^2}{2}=1$；

C. $\frac{x^2}{81}+\frac{y^2}{16}=1$； D. $\frac{x^2}{15}+\frac{y^2}{10}=1$.

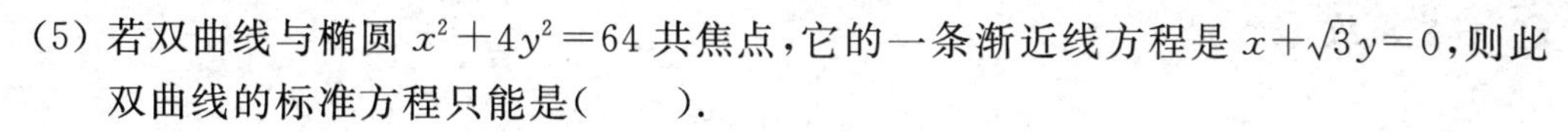

(5) 若双曲线与椭圆 $x^2+4y^2=64$ 共焦点，它的一条渐近线方程是 $x+\sqrt{3}y=0$，则此双曲线的标准方程只能是(　　).

A. $\frac{x^2}{36}-\frac{y^2}{12}=1$；　　B. $\frac{y^2}{36}-\frac{x^2}{12}=1$；

C. $\frac{x^2}{12}-\frac{y^2}{36}=1$；　　D. 以上答案都不对.

(6) 如果双曲线的两条渐近线互相垂直，则双曲线的离心率是(　　).

A. $\sqrt{2}$；　　B. 2；　　C. $\sqrt{3}$；　　D. -2.

(7) 抛物线 $y=ax^2$ 的焦点坐标是(　　).

A. $\left(0,\frac{a}{4}\right)$；　　B. $\left(0,-\frac{a}{4}\right)$；　　C. $\left(0,-\frac{1}{4a}\right)$；　　D. $\left(0,\frac{1}{4a}\right)$.

(8) 若曲线方程 $x^2+y^2\cos\alpha=1$ 中的 α 满足 $90°<\alpha<180°$，则曲线应为(　　).

A. 抛物线；　　B. 双曲线；　　C. 椭圆；　　D. 圆.

(9) 抛物线的顶点在原点、对称轴是坐标轴，且焦点在直线 $x-y+2=0$ 上，则此抛物线的方程只能是(　　).

A. $y^2=4x$ 或 $x^2=-4y$；　　B. $x^2=4y$ 或 $y^2=-4x$；

C. $x^2=8y$ 或 $y^2=-8x$；　　D. 无法确定.

4. 一圆过点 $A(2,-1)$，圆心在直线 $y=-2x$ 上，且与直线 $x+y=1$ 相切，求该圆的方程.

5. 三角形三边的方程分别是 $x-6=0$、$x+2y=0$ 和 $x-2y=8$，求三角形外接圆的方程.

6. 椭圆的一个焦点把长轴分为两段，分别等于 7 和 1，求椭圆的标准方程.

7. 已知双曲线 $\frac{x^2}{225}-\frac{y^2}{64}=1$ 上一点的横坐标等于 15，求该点到两个焦点间的距离.

8. 直线 $x-y-1=0$ 与抛物线 $y^2=2px$ 交与 A、B 两点，且 $|AB|=8$，求该抛物线的方程.

9. 求以 $\frac{x^2}{25}+\frac{y^2}{9}=1$ 的焦点和顶点分别作为顶点和焦点的双曲线的方程.

10. 抛物线的顶点是双曲线 $16x^2-9y^2=144$ 的中心，而焦点是双曲线的左顶点，求抛物线的方程.

11. 判定方程 $\frac{x^2}{25-m}+\frac{y^2}{9-m}=1$ 所表示的曲线的形状，并证明无论方程表示椭圆或双曲线，它们的焦点都是相同的.

12. 海岸边在相距 5000 m 远有 F_1、F_2 两个声纳监视站，在海底做爆炸试验时，两站记录同一次爆炸的开始时间相差 2 s，已知当地海水中平均声速为 1500 m/s，求爆炸点的轨迹方程(提示：以两个观测站所在直线为 y 轴).

【数学史典故3】

笛卡儿与解析几何

笛卡儿
(1596—1650)

勒内·笛卡儿(Rene Descartes,1596—1650)，著名的法国哲学家、科学家和数学家.

初等数学和高等数学的分界线是解析几何，而解析几何是集逻辑、几何、代数三者优点于一身的新的数学.有了解析几何，才有微积分，才有数学分析……这一切，都源自于笛卡儿坐标系；而笛卡儿，就是数学的坐标.

1596年3月31日，笛卡儿出生在法国北部都兰城的一个地方议员家庭.8岁时，他进了著名的拉弗累舍公学读书，16岁毕业时，是一名模范学生.尔后，他去波埃顿大学攻读法律，20岁时即获得法学学位.

1618年，22岁的笛卡儿开始在欧洲游学，“到整个世界这本大书里”寻求真正的知识.他从法国到荷兰，从丹麦到德国，从奥地利到瑞士，又南下意大利，1625年回到法国，在巴黎从事科学研究.1628年，他定居荷兰，他的所有著作，几乎都是在荷兰写就的.

1629—1633年，笛卡儿写成《论世界》一书，包括《屈光学》、《气象学》和《几何学》，以及一篇著名的序言《方法论》，于1637年在荷兰莱顿出版.1641年，他又出版了《形而上学的治思》.1644年，他出版了《哲学原理》.

1649年笛卡儿受瑞典女王之邀来到斯德哥尔摩，但不幸在这片“熊、冰雪与岩石的土地”上得了肺炎，并在1650年2月去世.

笛卡儿的《几何学》共分三卷，第一卷讨论尺规作图；第二卷是曲线的性质；第三卷是立体和“超立体”的作图，但实际上是代数问题，探讨方程的根的性质.后世的数学家和数学史学家都把笛卡儿的《几何学》作为解析几何的起点.

从笛卡儿的《几何学》中可以看出，笛卡儿的中心思想是建立起一种“普遍”的数学，把算术、代数、几何统一起来.他设想，把任何数学问题化为一个代数问题，在把任何代数问题归结到去解一个方程式.为了实现上述的设想，笛卡儿从天文和地理的经纬制度出发，指出平面上的点和实数对(x,y)的对应关系.(x,y)的不同数值可以确定平面上许多不同的点，这样就可以用代数的方法研究曲线的性质.这就是解析几何的基本思想.

平面解析几何的基本思想有两个要点：第一，在平面建立坐标系，一点的坐标与一组有序的实数对相对应；第二，在平面上建立了坐标系后，平面上的一条曲线就可由带两个变数的一个代数方程来表示了.从这里可以看到，运用坐标法不仅可以把几何问题通过代数的方法解决，而且还把变量、函数以及数和形等重要概念密切联系了起来.

总的来说，解析几何运用坐标法可以解决两类基本问题：一类是满足给定条件点的轨迹，通过坐标系建立它的方程；另一类是通过方程的讨论，研究方程所表示的曲线性质.

运用坐标法解决问题的步骤是：首先在平面上建立坐标系，把已知点的轨迹的几何条件“翻译”成代数方程，然后运用代数工具对方程进行研究，最后把代数方程的性质用几何语言叙述，从而得到原先几何问题的答案.

坐标法的思想促使人们运用各种代数的方法解决几何问题.坐标系在几何对象和数、几何关系和函数之间建立了密切的联系，这样就可以对空间形式的研究归结成比较成熟也容易驾驭的数量关系的研究了.先前被看作几何学中的难题,一旦运用代数方法后就变得平淡无奇了.用这种方法研究几何学,通常就叫做解析法.这种解析法不但对于解析几何是重要的,就是对于几何学的各个分支的研究也是十分重要的.

解析几何的创立,引入了一系列新的数学概念,特别是将变量引入数学,使数学进入了一个新的发展时期,这就是变量数学的时期.解析几何在数学发展中起了推动作用.恩格斯对此曾经作过评价:"数学中的转折点是笛卡儿的变数,有了变数,运动进入了数学;有了变数,辩证法进入了数学;有了变数,微分和积分也就立刻成为必要的了."

(摘自《百度文库》)

第四章　数　　列

看下面两个问题.

问题1：

$$1+2+3+\cdots+100=?$$

对于这个问题,著名数学家高斯10岁时曾很快求出它的结果.你知道应如何计算吗?

问题2:印度国王打算重奖国际象棋的发明者——印度宰相西萨·班.当问他要什么奖品时,他说:"请在棋盘的第1个格子里放上1粒麦子,在第2个格子里放上2粒麦子,在第3个格子里放上4粒麦子,在第4个格子里放上8粒麦子,依此类推,每个格子里放的麦粒数都是前一个格子里放的麦粒数的2倍,直到第64个格子.请给我足够的粮食来实现上述要求."国王觉得这并不是很难办到的事,就欣然同意了他的要求.你认为国王有能力满足宰相的要求吗?

在本章里,我们将学习数列的一些基础知识,并用它们解决一些简单的问题.以上两个问题,在学习了本章知识后,就会很容易得到解决.

第一节　数列的概念

一、数列的定义

引例 4.1　看下面的例子.

(1) 问题1中的100个数由小到大排成一列

$$1,\ 2,\ 3,\ 4,\ \cdots,\ 100;$$

(2) 问题2中各个格子里的麦粒数按放置的先后排成一列

$$1,2,2^2,\ 2^3,\cdots,\ 2^{63};$$

(3) 由小到大的正整数的倒数排成一列

$$1,\frac{1}{2},\frac{1}{3},\frac{1}{4},\cdots;$$

(4) $\sqrt{2}$精确到1,0.1,0.01,0.001,…的不足近似值排成一列

$$1,1.4,1.41,1.414,\cdots;$$

(5) 函数 $f(n)=(-1)^n$,当自变量 n 依次取正整数1,2,3,…时对应函数值排成一列

$$-1,1,-1,1,-1,\cdots;$$

(6) 函数 $f(n)=(-1)^{2n}$,当自变量 n 依次取正整数1,2,3,…时对应函数值排成一列

$$1,1,1,\cdots;$$

(7) 正偶数排成一列

$$2,4,6,8,\cdots.$$

像引例4.1中,按照一定次序排列的一列数叫做**数列**.数列中的每一个数都叫做这个**数列的项**,各项依次叫做这个数列的第1项(或首项),第2项,…,第 n 项,….

数列的一般形式可以写成

$$a_1, a_2, a_3, \cdots, a_n, \cdots,$$

其中 a_n 是数列的第 n 项. 有时也把上面的数列简记作 $\{a_n\}$.

例如,数列 $1, \frac{1}{2}, \frac{1}{3}, \frac{1}{4}, \cdots, \frac{1}{n}, \cdots$ 可记作 $\left\{\frac{1}{n}\right\}$.

对于上面的数列,每一项与它的序号有着确定的对应关系. 如数列(2)的对应关系,如下表:

序号 n	1	2	3	4	…	64
	↓	↓	↓	↓		↓
项 a_n	1	2	2^2	2^3	…	2^{63}

从函数的观点看,数列是一个定义域为正整数集(或它的子集)的函数当自变量从小到大依次取值时对应的一系列函数值.

要准确理解数列定义中的两个关键词:"一列数",即不止一个数;"一定顺序",即数列中的数是有序的.

必须注意两点:

(1) 数列与数集的异同

数列中的数是有序的,而数集中的数是无序的;数列中的数可以相同而数集中的数必须是互异的.

例如 1,2,3,4,5 与数列 5,4,3,2,1 是不同的数列,而集合{1,2,3,4,5}与集合{5,4,3,2,1}则是同一个集合.

另外,在数列的定义中,没有规定数列中的数必须不同,因此,同一个数在一个数列中是可以重复出现的(如上述数列(5)、(6)).

(2) $\{a_n\}$ 与 a_n 是两个不同的概念

$\{a_n\}$ 表示数列 $a_1, a_2, a_3, \cdots, a_n, \cdots$,而 a_n 只表示数列中的第 n 项.

二、数列的分类

项数为有限项的数列叫做**有穷数列**,项数为无限项的数列叫做**无穷数列**. 引例 4.1 中的数列(1)、(2)是有穷数列,数列(3)、(4)、(5)、(6)、(7)是无穷数列.

一个数列,如果从第 2 项起,每一项都大于它的前面一项,即 $a_{n+1} > a_n$,那么这个数列叫做**单调递增数列**;如果从第 2 项起,每一项都小于它的前面一项,即 $a_{n+1} < a_n$,那么这个数列叫做**单调递减数列**. 引例 4.1 中的数列(1)、(2)、(4)、(7)都是递增数列,数列(3)是递减数列.

一个数列,如果从第 2 项起,有些项大于它的前一项,而有些项却小于它的前一项,那么这个数列叫做**摆动数列**;如果各项都相等,那么这个数列叫做**常数列**. 引例 4.1 中的数列(5)是摆动数列,数列(6)是常数列.

关于函数,有有界函数和无界函数之分. 类似地,数列也有有界数列和无界数列的区分. 一个数列,如果任何一项的绝对值都不大于某一个确定的正数 M,即 $|a_n| \leqslant M$(其中 $M > 0$),那么这个数列叫做**有界数列**;如果这样的数 M 不存在,那么这个数列叫做**无界数列**. 引例 4.1中的数列(1)、(2)、(3)、(4)、(5)、(6)都是有界数列,数列(7)是无界数列.

三、数列的通项公式

如果数列$\{a_n\}$的第n项a_n与项数n之间的函数关系可以用一个公式来表示，那么这个公式就叫做这个数列的**通项公式**. 例如，数列(2)的通项公式是$a_n=2^{n-1}(n\leqslant 64)$，数列(3)的通项公式是$a_n=\frac{1}{n}$. 如果已知一个数列的通项公式，那么依次用1、2、3、…代替公式中的n，就可以求出这个数列的各项.

例1 根据下面数列$\{a_n\}$的通项公式，写出它的前5项.

(1) $a_n=\frac{n+1}{n}$； (2) $a_n=(-1)^n\cdot\frac{1}{2^n}$.

解 (1) 在通项公式中依次取$n=1$、2、3、4、5得到数列$\{a_n\}$的前5项为

$$\frac{2}{1},\frac{3}{2},\frac{4}{3},\frac{5}{4},\frac{6}{5}.$$

(2) 在通项公式中依次取$n=1$、2、3、4、5得到数列$\{a_n\}$的前5项为

$$-\frac{1}{2},\frac{1}{4},-\frac{1}{8},\frac{1}{16},-\frac{1}{32}.$$

例2 写出下面数列的一个通项公式，使它的前4项分别是下列各数.

(1) $0,\sqrt{2^2-1},\sqrt{3^2-1},\sqrt{4^2-1}$；

(2) $-\frac{1}{1\times 3},\frac{1}{2\times 4},-\frac{1}{3\times 5},\frac{1}{4\times 6}$.

解 (1) 这个数列的前4项都是取算术平方根，被开方数都是序号的平方减去1，所以它的通项公式是

$$a_n=\sqrt{n^2-1}.$$

(2) 这个数列的前4项的绝对值都等于项数与其下一个相邻的同奇偶的数的积的倒数，且正负项交替出现，所以它的通项公式是

$$a_n=\frac{(-1)^n}{n(n+2)}=\frac{(-1)^n}{(n+1)^2-1}.$$

四、数列的前n项和

一般地，设有数列$\{a_n\}$，称$a_1+a_2+a_3+\cdots+a_n$或$\sum_{i=1}^{n}a_i$为**数列的前n项和**，记为S_n，即

$$S_n=a_1+a_2+a_3+\cdots+a_n=\sum_{i=1}^{n}a_i.$$

由数列的通项a_n及前n项和S_n的概念不难得出：

$$a_1=S_1,$$
$$a_2=S_2-S_1,$$
$$\cdots\cdots$$
$$a_n=S_n-S_{n-1}.$$

例3 已知数列$\{a_n\}$的通项公式为$a_n=(-1)^n$，求其前n项和S_n.

解 由通项公式$a_n=(-1)^n$，写出数列$\{a_n\}$为

$$-1,1,-1,1,-1,1,-1,\cdots,$$

不难得到

$$S_n=\begin{cases}-1, n=2k-1,\\ 0, n=2k.\end{cases} \text{其中 } k\in \mathbf{Z}^+.$$

例 4　已知数列 $\{a_n\}$ 的前 n 项和 $S_n=n^2$，试求其通项 a_n.

解　当 $n=1$ 时，

$$a_1=S_1=1^2=1;$$

当 $n\geqslant 2$ 时，

$$a_n=S_n-S_{n-1}=n^2-(n-1)^2=2n-1,$$

取 $n=1$ 时，得 $a_n=2n-1=1$，所以数列的通项公式为

$$a_n=2n-1.$$

习 题 4-1

1. 根据下面数列 $\{a_n\}$ 的通项公式，写出它的第 5 项与第 7 项.

(1) $a_n=n\times(n-1)$；　　(2) $a_n=\dfrac{2n}{n^2+1}$；

(3) $a_n=(-1)^n\dfrac{1}{n^3}$；　　(4) $a_n=2^n-n$.

2. 观察下面数列的特点，用适当的数填空，并写出每个数列的通项公式.

(1) 2，4，(　　)，16，32，(　　)，128；　　(2) (　　)，4，9，16，25，(　　)，49；

(3) $-1,\dfrac{1}{2}$，(　　)，$\dfrac{1}{4},-\dfrac{1}{5},\dfrac{1}{6}$，(　　)；　　(4) $1,\sqrt{2}$，(　　)，$2,\sqrt{5}$，(　　)，$\sqrt{7}$.

3. 在下列无穷数列中，哪些是递增数列，哪些是递减数列，哪些是摆动数列，哪些是常数列？并写出各数列的通项公式和第 10 项.

(1) $1,-2,3,-4,\cdots$；　　(2) $1-2,2-3,3-4,4-5,\cdots$；

(3) $\dfrac{1}{1^2},\dfrac{1}{2^2},\dfrac{1}{3^2},\dfrac{1}{4^2},\cdots$；　　(4) $\sqrt{1},\sqrt{2},\sqrt{3},\sqrt{4},\cdots$；

(5) $1-\dfrac{1}{2},\dfrac{1}{2}-\dfrac{1}{3},\dfrac{1}{3}-\dfrac{1}{4},\dfrac{1}{4}-\dfrac{1}{5},\cdots$；　　(6) $\dfrac{1}{2},-\dfrac{3}{4},\dfrac{5}{6},-\dfrac{7}{8},\cdots$；

(7) $2,0,2,0,\cdots$.

第二节　等 差 数 列

一、等差数列的定义

引例 4.2　先看几个数列.

(1) 全国统一鞋号中成年女鞋的各种尺码(表示鞋底长，单位：cm)分别是

$$21,21\frac{1}{2},22,22\frac{1}{2},23,23\frac{1}{2},24,24\frac{1}{2},25.$$

(2) 某班 45 位同学排成 5 横排参加合唱比赛，从前向后每排人数依次为

$$7,8,9,10,11.$$

(3) 某长跑运动员 5 天里每天的训练量(单位：m)是

$$12\,000,11\,500,11\,000,10\,500,10\,000.$$

仔细观察引例 4.2 中的 3 个数列，看看这些数列有什么共同的特点. 可以看到：

对于数列(1)，从第 2 项起，每一项与它的前一项的差都等于$\frac{1}{2}$；

对于数列(2)，从第 2 项起，每一项与它的前一项的差都等于 1；

对于数列(3)，从第 2 项起，每一项与它的前一项的差都等于-500.

显然，这 3 个数列都有一个共同的特点：从第 2 项起，每一项与它的前一项的差都等于同一个常数.

一般地，如果一个数列从第 2 项起，每一项与它的前一项的差等于同一个常数，那么这个数列就叫做**等差数列**，这个常数叫做等差数列的**公差**，公差通常用字母 d 表示.

上述三个数列都是等差数列，它们的公差分别是$\frac{1}{2}$，1 与-500.

例 1 判断下列数列是否为等差数列；若是等差数列，指出其公差.

(1) 1，2，4，6，8，…；　　(2) 1，2，3，4，5，…；

(3) $\sqrt{1},\sqrt{2},\sqrt{3},\sqrt{4},\sqrt{5},\cdots$；　　(4) $-1,1,-1,1,-1,\cdots$；

(5) 1，1，1，1，1，…；　　(6) 1，2，3，2，1，….

解 数列(1)、(3)、(4)、(6)不是等差数列，数列(2)、(5)为等差数列，公差分别为 1 和 0.

显然，等差数列的公差 d 可以为正数、负数，也可以为零.

二、等差数列的通项公式及等差中项

1. 通项公式

如果一个数列 $a_1,a_2,a_3,\cdots,a_n,\cdots$是等差数列，它的公差为 d，那么

$$a_2=a_1+d,$$
$$a_3=a_2+d=(a_1+d)+d=a_1+2d,$$
$$a_4=a_3+d=(a_1+2d)+d=a_1+3d,$$
$$\cdots\cdots$$

由此得到

$$a_n=a_1+(n-1)d. \tag{4-1}$$

当 $n=1$ 时，上式两边均等于 a_1，即等式也成立的.

这表明当 $n\in\mathbf{N}^+$ 时上式都成立，因而式(4-1)就是等差数列$\{a_n\}$的通项公式.

公式(4-1)表示了等差数列的 a_1,a_n,n,d 四个量之间的关系，已知其中三个量，就可以求出另一个量.

例 2 求等差数列 8，5，2，-1，…的第 30 项.

解 因为 $a_1=8,d=5-8=-3$，所以这个等差数列的通项公式是

$$a_n=8+(n-1)\times(-3),$$

即

$$a_n=-3n+11.$$

所以

$$a_{30}=-3\times30+11=-79.$$

例 3 -401 是不是等差数列$-5,-9,-13,-17,\cdots$中的一项？如果是，是第几项？

解 因为 $a_1=-5,d=-9-(-5)=-4$，由

$$-401=-5+(n-1)\times(-4),$$

解得

$$n=100,$$

即 -401 为该数列的第 100 项.

例 4　在等差数列 $\{a_n\}$ 中，$a_5=9$，$a_{13}=21$，求其通项公式 a_n.

解　因为 $a_5=9$，$a_{13}=21$，则由公式(4-1)，得

$$\begin{cases} a_1+(5-1)d=9, \\ a_1+(13-1)d=21. \end{cases}$$

整理，得

$$\begin{cases} a_1+4d=9, \\ a_1+12d=21. \end{cases}$$

解此方程组，得

$$a_1=3, d=\frac{3}{2}.$$

所以

$$a_n=3+(n-1)\times\frac{3}{2}=\frac{3}{2}+\frac{3n}{2}.$$

2. 等差中项

如果在 a 与 b 之间插入 1 个数 A，使 a，A，b 成等差数列，那么 A 叫做 a 与 b 的**等差中项**.

如果 A 是 a 与 b 的等差中项，那么 $A-a=b-A$，所以

$$A=\frac{a+b}{2}.$$

容易看出，在一个等差数列中，从第 2 项起，每一项(有穷等差数列的末项除外)都是它的前一项与后一项的等差中项.

例 5　求 $\sqrt{7}+\sqrt{2}$ 与 $\sqrt{7}-\sqrt{2}$ 的等差中项.

解　$A=\dfrac{(\sqrt{7}+\sqrt{2})+(\sqrt{7}-\sqrt{2})}{2}=\sqrt{7}.$

三、等差数列的前 n 项和公式

先看本章引言中的问题 1，高斯是这样计算的：

记

$$S=1+2+3+\cdots+98+99+100,$$

将上式右端 100 项次序反过来，有

$$S=100+99+98+\cdots+3+2+1,$$

将以上式子左右对应项依次相加，得

$$2S=\overbrace{(1+100)+(2+99)+(3+98)+\cdots+(100+1)+(99+2)+(98+3)}^{100\text{对}}.$$

于是有

$$S=101\times\frac{100}{2}=5050.$$

再看一个例子.

引例 4.3 如图 4-1 表示堆放的钢管，共堆放了 7 层. 自上而下各层的钢管数排成一列数

$$4,5,6,7,8,9,10.$$

求这堆钢管的总数.

我们可以设想如图 4-2 那样，在这堆钢管的旁边倒放着同样的一堆钢管. 这样，每层钢管数都相等，即

$$4+10=5+9=6+8=\cdots=10+4.$$

由于共有 7 层，两堆钢管的总数是$(4+10)\times 7$，因此所求的钢管总数是

$$\frac{(4+10)\times 7}{2}=49.$$

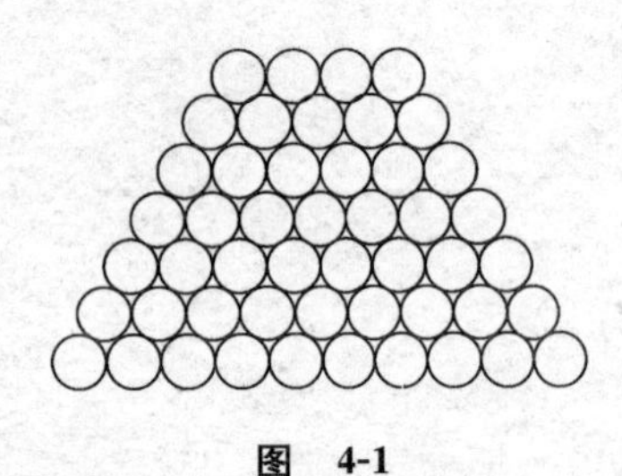

图 4-1

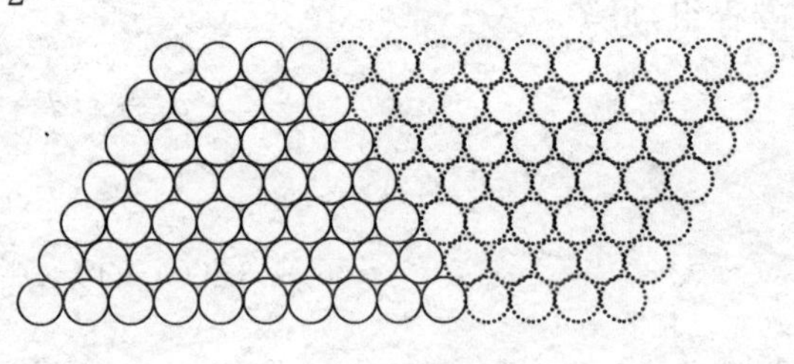

图 4-2

一般地，设有等差数列

$$a_1, a_2, a_3, \cdots, a_n, \cdots,$$

它的前 n 项和为 S_n，即

$$S_n=a_1+a_2+a_3+\cdots+a_n.$$

根据等差数列$\{a_n\}$的通项公式(4-1)，上式可以写成

$$S_n = a_1+(a_1+d)+(a_1+2d)+\cdots+[a_1+(n-1)d]; \tag{1}$$

再把各项的次序反过来，S_n 又可以写成

$$S_n = a_n+(a_n-d)+(a_n-2d)+\cdots+[a_n-(n-1)d]. \tag{2}$$

把(1)，(2)两式的两边分别相加，得

$$2S_n=\overbrace{(a_1+a_n)+(a_1+a_n)+\cdots+(a_1+a_n)}^{n\text{对}}=n(a_1+a_n).$$

由此得到等差数列$\{a_n\}$的前 n 项和的公式

$$S_n = \frac{n(a_1+a_n)}{2}. \tag{4-2}$$

这就是说，等差数列的前 n 项和等于首末两项的和与项数乘积的一半.

因为 $a_n=a_1+(n-1)d$，所以上面的公式又可以写成

$$S_n = na_1+\frac{n(n-1)}{2}d. \tag{4-3}$$

例 6 在等差数列中，已知

(1) $a_1=9, a_{16}=1$，求 S_{16}；　　　　(2) $a_1=2, d=\frac{1}{3}$，求 S_{10}.

解 (1) $S_{16}=\frac{16}{2}\times(a_1+a_{16})=8\times(9+1)=80.$

(2) $S_{10}=10a_1+\frac{10\times(10-1)}{2}d=10\times2+\frac{10\times9}{2}\times\frac{1}{3}=35.$

例 7　等差数列$-10,-6,-2,2,\cdots$的前多少项的和为 54？

解　$a_1=-10,d=-6-(-10)=4$，则有

$$-10n+\frac{n(n-1)}{2}\times4=54,$$

解得 $n=9$ 或 -3，舍去负值，即该数列的前 9 项和为 54.

四、等差数列的简单应用

例 8　安装在一个公共轴上的 5 个皮带轮的直径成等差数列，其中最大的与最小的皮带轮的直径分别是 216 mm 与 120 mm，求中间 3 个皮带轮的直径.

解　用$\{a_n\}$表示这 5 个皮带轮的直径所成的等差数列，由已知条件，有

$$a_1=216,\ a_5=120,$$

由通项公式，得

$$a_5=a_1+(5-1)d,$$

即

$$120=216+4d,$$

解得

$$d=-24.$$

因此

$$a_2=216-24=192,\quad a_3=192-24=168,\quad a_4=168-24=144.$$

所以中间 3 个皮带轮的直径依次是

$$192\text{ mm},\ 168\text{ mm},\ 144\text{ mm}.$$

例 9　已知一个直角三角形的 3 条边的长度成等差数列，求证它们的比是 3:4:5.

证明　设这个直角三角形的 3 条边长分别为

$$a-d,\ a,\ a+d,$$

根据勾股定理，得

$$(a-d)^2+a^2=(a+d)^2.$$

解得

$$a=4d,$$

于是这个直角三角形的三边长是 $3d,4d,5d$. 即这个直角三角形三边长的比是 3:4:5.

例 10　2000 年 11 月 14 日教育部下发了《关于在中小学实施“校校通”工程的通知》，某市据此提出了实施“校校通”工程的总目标：从 2001 年起用 10 年的时间，在全市中小学中建成不同标准的校园网. 2001 年该市投入建设经费 500 万元，计划以后每年投入资金都比前一年增加 50 万元. 求从 2001 年起 10 年内该市在“校校通”工程中的总投入为多少？

解　由题意知，10 年内投入的资金成等差数列，其中

$$a_1=500,\ d=50,\ n=10,$$

由等差数列前 n 项和公式

$$S_{10}=10\times500+\frac{10\times(10-1)}{2}\times50=7250(\text{万元}),$$

即从2001年起10年内该市在“校校通”工程中的总投入为7250万元.

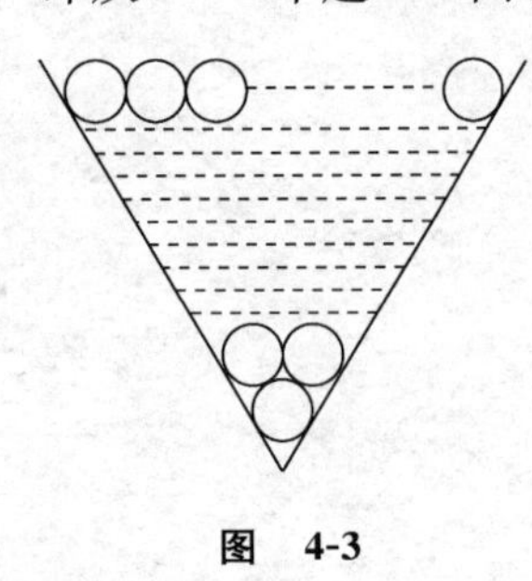

图 4-3

例 11 如图4-3所示，一个堆放铅笔的V形架的最下面一层放1支铅笔，往上每一层都比它下面一层多放1支，最上面放120支，这个V形架上共放多少支铅笔？

解 由题意可知，这个V形架上共放120层铅笔，且自下而上各层的铅笔数组成等差数列，记为$\{a_n\}$，其中

$$a_1=1,\ d=1,\ n=120,\ a_{120}=120.$$

根据等差数列前n项和公式，得

$$S_{120}=\frac{120\times(1+120)}{2}=7260,$$

即V形架上共放着7260支铅笔.

例 12 某剧场共有座位16排，第一排30个座位，以后每排比前一排多一个座位.问该剧场共有多少座位？

解 由题意知，剧场的座位数成等差数列，其中

$$a_1=30,\ d=1,\ n=16.$$

由等差数列前n项和公式

$$S_{12}=16\times30+\frac{16\times(16-1)}{2}\times1=600,$$

即该剧场共有600个座位.

习 题 4-2

1.（1）求等差数列3,7,11,…的第4项与第10项；

（2）求等差数列10,8,6,…的第20项.

2.由下列等差数列的通项公式，求首项和公差：

（1）$a_n=3n+6$；　　（2）$a_n=-2n+7$.

3.在等差数列$\{a_n\}$中：

（1）已知$d=-\frac{1}{3}$，$a_7=8$，求a_1；　　（2）已知$a_1=12$，$a_6=27$，求d；

（3）已知$a_1=2$，$d=3$，求a_{10}；　　（4）已知$a_1=3$，$a_n=21$，$d=2$，求n.

4.求下列各组数的等差中项.

（1）674与895；　　（2）-180与360.

5.（1）已知等差数列$\{a_n\}$的第1项是5.6，第6项是20.6，求它的第4项；

（2）一个等差数列第3项是9，第9项是3，求它的第12项.

6.根据下列各条件，求相应的等差数列$\{a_n\}$的S_n.

（1）$a_1=5$，$a_n=95$，$n=10$；　　（2）$a_1=100$，$d=-2$，$n=50$；

（3）$a_1=14.5$，$d=0.7$，$a_n=32$.

7.（1）求正整数列中前n个数的和；

（2）求正整数列中前n个奇数的和.

8.求集合$M=\{m\mid m=7n,n\in\mathbf{N}^+\text{且}m<100\}$的元素个数，并求这些元素的和.

9.一个等差数列的第6项是5，第3项与第8项的和也是5，求这个等差数列前9项的和.

10.（1）设等差数列$\{a_n\}$的通项公式是$a_n=3n-2$，求它的前n项和公式；

（2）设等差数列$\{a_n\}$的前n项和公式是$S_n=5n^2+3n$，求它的前3项，并求它的通项公式.

11.成等差数列的四个数之和为26，第二数和第三数之积为40，求这四个数.

12. 在 7 和 35 之间插入 6 个数，使它们和已知的两数成等差数列.

13. 梯子的最高一级宽 33 cm，最低一级宽 110 cm，中间还有 10 级，各级的宽度成等差数列. 计算中间各级的宽度.

14. 一个屋顶的某一斜面成等腰梯形，最上面一层铺了瓦片 21 块，往下每一层多铺 1 块，共铺了 19 层，共铺瓦片多少块？

第三节　等比数列

一、等比数列的定义

引例 4.4　(1) 引言中问题 2 关于在国际象棋棋盘各格子里放麦粒的问题中，得到的数列是

$$1,2,4,8,\cdots,2^{63}.$$

(2) 1978 年以来我国国内生产总值的平均增速为 10%. 已知 2010 年某市的国内生产总值为 2000 亿元，假设今后 10 年仍以每年 10% 的速度增长，则今后 10 年的国内生产总值(单位：亿元)分别是

$$2000,2000\times1.1,2000\times1.1^2,\cdots,2000\times1.1^9.$$

(3) 某种放射性元素 10 克，每过一年后有 8% 的该元素衰变为其他物质. 则随着年份的增加，该元素剩余的质量(单位：克)为

$$10,10\times0.8,10\times0.8^2,10\times0.8^3,\cdots.$$

观察一下，上面引例中的数列有以下特点：

对于数列(1)，从第 2 项起，每一项与它的前一项的比都等于 2；

对于数列(2)，从第 2 项起，每一项与它的前一项的比都等于 1.1；

对于数列(3)，从第 2 项起，每一项与它的前一项的比都等于 0.8.

这些数列具有这样的共同特点：从第 2 项起，每一项与它的前一项的比都等于同一个非零常数.

一般地，如果一个数列从第 2 项起，每一项与它前一项的比都等于同一个非零常数，那么这个数列就叫做**等比数列**，这个常数叫做等比数列的**公比**，公比通常用字母 q 表示 $(q\neq0)$.

上述三个数列均为等比数列，它们的公比分别是 2、0.1 与 0.8.

二、等比数列的通项公式及等比中项

1. 通项公式

设等比数列 $\{a_n\}$ 的首项为 a_1，公比为 q. 因为在一个等比数列 $\{a_n\}$ 里，从第 2 项起，每一项与它的前一项的比都等于公比 q，即

$$q=\frac{a_2}{a_1}=\frac{a_3}{a_2}=\cdots=\frac{a_n}{a_{n-1}}=\cdots,$$

所以从第 2 项起每一项都等于它的前一项乘以公比 q，于是有

$$a_2=a_1q,$$

$$a_3=a_2q=(a_1q)q=a_1q^2,$$

$$a_4=a_3q=(a_1q^2)q=a_1q^3.$$

……

由此可知，等比数列$\{a_n\}$的通项公式是

$$a_n=a_1q^{n-1}. \qquad (4\text{-}4)$$

例如，上面数列(1)的首项是1，公比是2，它的通项公式是

$$a_n=1\times 2^{n-1}=2^{n-1}\ (n\leqslant 64).$$

公式(4-4)表示了等比数列的a_1,q,n,a_n四个量之间的关系，已知其中的三个量，可以求出另外一个量.

例1 求等比数列$2,-\sqrt{2},1,-\dfrac{\sqrt{2}}{2},\cdots$的第9项.

解 把$a_1=2,q=-\dfrac{\sqrt{2}}{2},n=9$代入公式(4-4)，得

$$a_9=a_1q^8=2\times\left(-\frac{\sqrt{2}}{2}\right)^8=\frac{1}{8}.$$

例2 一个等比数列的第4项与第5项分别是9.6和19.2，求它的第1项与第3项.

解 设这个等比数列的第1项是a_1，公比是q，那么

$$a_1q^3=9.6,\quad a_1q^4=19.2.$$

联立上面两式所组成的方程组，解得

$$q=2,\quad a_1=1.2,$$

所以

$$a_3=a_1q^2=1.2\times 2^2=4.8,$$

即这个数列的第1项是1.2，第3项是4.8.

2. 等比中项

如果在数a与b中间插入1个数G，使a,G,b成等比数列，那么G叫做数a与b的**等比中项**.

如果数G是a与b的等比中项，那么$\dfrac{G}{a}=\dfrac{b}{G}$，即

$$G^2=ab,$$

于是

$$G=\sqrt{ab}\quad 或\quad G=-\sqrt{ab}.$$

显然，只有同号的两个数才存在等比中项，而且等比中项有两个，它们是互为相反数.

例如，9与-9都是3和27的等比中项.

一个等比数列从第2项起，每一项(有穷等比数列的末项除外)都是它的前一项与后一项的等比中项.

例3 求$\dfrac{\sqrt{8}+\sqrt{5}}{3}$与$\dfrac{\sqrt{8}-\sqrt{5}}{3}$的等比中项.

解 设所求等比中项为G，由上述定义，得

$$G^2=\frac{\sqrt{8}+\sqrt{5}}{3}\times\frac{\sqrt{8}-\sqrt{5}}{3}=\frac{1}{3},$$

所以

$$G=\pm\frac{\sqrt{3}}{3}.$$

即所求的等比中项为$\pm\frac{\sqrt{3}}{3}$.

三、等比数列的前 n 项和公式

设等比数列 $a_1, a_2, a_3, \cdots, a_n, \cdots$ 的前 n 项和是

$$S_n=a_1+a_2+a_3+\cdots+a_n.$$

根据等比数列的通项公式,上式可写成

$$S_n=a_1+a_1q+a_1q^2+\cdots+a_1q^{n-2}+a_1q^{n-1}. \tag{1}$$

把等比数列的任一项乘以公比,就可得到它后面相邻的一项.现将(1)式的两边分别乘以公比 q,得到

$$qS_n=a_1q+a_1q^2+a_1q^3+\cdots+a_1q^{n-1}+a_1q^n. \tag{2}$$

比较(1)、(2)两式,可看到(1)式的右边从第 2 项到最后一项,与(2)式的右边从第 1 项到倒数第 2 项完全相同.于是用(1)式的两边分别减去(2)式的两边,消去相同的项,得

$$(1-q)S_n=a_1-a_1q^n.$$

当 $q\neq1$ 时,等比数列$\{a_n\}$的前 n 项和公式为

$$S_n=\frac{a_1(1-q^n)}{1-q}. \tag{4-5}$$

因为

$$a_1q^n=(a_1q^{n-1})q=a_nq,$$

所以上面的公式还可以写成

$$S_n=\frac{a_1-a_nq}{1-q}. \tag{4-6}$$

以上两个公式是等价的,需要注意的是,它们适用于求公比 $q\neq1$ 的等比数列的前 n 项和 S_n.显然,当 $q=1$ 时,$S_n=na_1$.

求等比数列前 n 项之和,当已知 a_1、q、n 时,用公式(4-5),当已知 a_1、q、a_n 时,用公式(4-6).在这两个公式中,都涉及 4 个量之间的关系,只要知道其中任意 3 个,就可求出第 4 个.

下面我们来解决本章引言中的问题 2,即在 $a_1=1, q=2, n=64$ 时求等比数列的前 n 项和 S_n,

$$S_{64}=\frac{1\times(1-2^{64})}{1-2}=2^{64}-1.$$

$2^{64}-1$ 很大,超过了 1.84×10^{19}.假定千粒麦子的质量为 40 g,那么麦粒的总质量超过了 7000 亿吨!因此当国王明白这一情况时,他是不可能同意国际象棋发明者的要求的.

例 4　求下列等比数列的前 5 项和.

(1) $1,\frac{1}{2},\frac{1}{4},\cdots$;　　(2) $a_1=1, a_5=81, q<0$.

解　(1) 由 $a_1=1, q=\frac{1}{2}, n=5$,得

$$S_5=\frac{1\times\left[1-\left(\frac{1}{2}\right)^5\right]}{1-\frac{1}{2}}=\frac{31}{16}.$$

(2) 由 $1\times q^{5-1}=81$，得 $q=\pm3$，因 $q<0$，故取 $q=-3$，所以

$$S_5=\frac{1\times[1-(-3)^5]}{1-(-3)}=61.$$

例 5 已知等比数列前 6 项的和是 189，公比是 2，求此数列的前 5 项.

解 由 $S_6=189$，$q=2$，$n=6$，得

$$189=\frac{a_1(1-2^6)}{1-2},$$

$$63a_1=189,$$

$$a_1=3,$$

所以此数列的前 5 项是 3，6，12，24，48.

四、等比数列的简单应用

例 6 某种单细胞生物每隔两个小时分裂 1 次（1 个分裂为两个），问 1 个该生物分裂一天之后，可繁殖成多少个？

解 由题意，该生物每经过两个小时分裂所得到的个数组成等比数列，其中

$$a_1=1,\quad q=2,\quad n=\frac{24}{2}=12,$$

于是得

$$a_{12}=1\times2^{12-1}=2048,$$

即一天后，该生物可由 1 个分裂成 2048 个.

例 7 某种放射性物质不断衰变为其他物质，每经过一年剩余的该物质质量是上一年的 84%. 求该物质的半衰期（即多少年后衰变剩余的质量为原来的一半）.

解 设该物质最初的质量为 1，经过 n 年后剩余质量为 a_n，显然数列 $\{a_n\}$ 是一个等比数列. 其中

$$a_1=1,\quad q=0.84.$$

设 $a_n=0.5$，则有

$$0.84^n=0.5.$$

两边取常用对数，得

$$n\lg0.84=\lg0.5,$$

因此

$$n=\frac{\lg0.5}{\lg0.84}\approx4,$$

即该放射性物质的半衰期为 4 年.

例 8 某商场第 1 年销售计算机 5000 台，如果平均每年的销售量比上一年增加 10%，那么从第 1 年起，约几年内可使总销售量达到 30 000 台？（保留到个位）

解 根据题意，每年销售量比上一年增加的百分率相同，所以从第 1 年起，每年的销售量组成一个等比数列 $\{a_n\}$，其中

$$a_1=5000,\quad q=1+10\%=1.1,\quad S_n=30\,000.$$

于是得到

$$\frac{5000\times(1-1.1^n)}{1-1.1}=30\,000.$$

整理后，得

$$1.1^n=1.6.$$

两边取对数，得

$$n\lg 1.1=\lg 1.6,$$

$$n=\frac{\lg 1.6}{\lg 1.1}\approx\frac{0.204}{0.041}\approx 5.$$

即约 5 年内可以使总销售量达到 30 000 台.

习 题 4-3

1. 求下面等比数列的公比和第 5 项.

(1) $5,-15,45,\cdots$；

(2) $2,6,18,\cdots$；

(3) $\frac{2}{3},\frac{1}{2},\frac{3}{8},\cdots$；

(4) $\sqrt{2},1,\frac{\sqrt{2}}{2},\cdots$.

2. 求下列等比数列的通项公式.

(1) $a_1=-2,a_3=-8$；

(2) $a_1=5,2a_{n+1}=-3a_n$.

3. (1) 一个等比数列的第 9 项是$\frac{4}{9}$，公比是$-\frac{1}{3}$，求它的第 1 项；

(2) 一个等比数列的第 2 项是 10，第 3 项是 20，求它的第 1 项与第 4 项.

4. (1) 已知等比数列$\{a_n\}$的 $a_2=2,a_5=54$，求 q；

(2) 已知等比数列$\{a_n\}$的 $a_2=1,a_n=128,q=2$，求 n.

5. (1) 求 45 与 80 的等比中项；

(2) 已知 b 是 a 与 c 的等比中项，且 $abc=27$，求 b.

6. 在等比数列$\{a_n\}$中.

(1) $a_4=27,q=-3$，求 a_7；

(2) $a_2=18,a_4=8$，求 a_1 与 q；

(3) $a_5=4,a_7=6$，求 a_9；

(4) $a_5-a_1=15,a_4-a_2=6$，求 a_3.

7. 根据下列的条件，求相应的等比数列$\{a_n\}$的 S_n.

(1) $a_1=3,q=2,n=6$；

(2) $a_1=2.4,q=-1.5,n=5$；

(3) $a_1=8,q=\frac{1}{2},a_n=\frac{1}{2}$；

(4) $a_1=-2.7,q=-\frac{1}{3},a_n=\frac{1}{90}$.

8. (1) 求等比数列 $1,2,4,\cdots$ 从第 5 项到第 10 项的和；

(2) 求等比数列$\frac{3}{2},\frac{3}{4},\frac{3}{8},\cdots$从第 3 项到第 7 项的和.

9. 在等比数列$\{a_n\}$中，如果 $a_7-a_5=a_6+a_5=48$，求 a_1,q,S_{10}.

10. 在等比数列$\{a_n\}$中：

(1) 已知 $a_1=-1.5,a_4=96$，求 q 与 S_4；

(2) 已知 $q=\frac{1}{2},S_5=3\frac{7}{8}$，求 a_1 与 a_5；

(3) 已知 $a_1=2,S_3=26$，求 q 与 a_3；

(4) 已知 $a_3=1\frac{1}{2},S_3=4\frac{1}{2}$，求 a_1 与 q.

11. 已知等比数列$\{a_n\}$前 3 项的和是$\frac{9}{2}$，前 6 项的和是$\frac{14}{3}$，求首项 a_1 与公比 q.

12. 在 9 与 243 之间插入两个数，使这 4 个数成等比数列.

13. 求和.

(1) $(2-1)+(2^2-2)+\cdots+(2^n-n)$；

(2) $(2-3\times5^{-1})+(4-3\times5^{-2})+\cdots+(2n-3\times5^{-n})$.

14. 3 个数成等比数列，它们的和等于 14，它们的积等于 64，求这 3 个数.

15.某企业今年的产值是138万元，计划今后每年比上一年产值增加10%，从今年起，第5年的产值是多少？这5年的总产值是多少？(精确到万元)

复习题四

1.判断题.

(1) 等差数列的公差不能为零. （　）

(2) 任意两个实数都有等差中项. （　）

(3) 等差数列$\{a_n\}$中，$a_{n-1}=-6$，$a_{n+1}=6$，则$a_n=0$. （　）

(4) 等比数列的公比可以为零. （　）

(5) 存在既是等差又是等比的数列. （　）

(6) 任意两个实数都有等比中项. （　）

(7) 若$\{a_n\}$是等差数列，则$a_1+a_9=a_3+a_7=2a_5$. （　）

(8) 若数列$\{a_n\}$的通项公式是$a_n=3n+1$，则此数列不是等差数列. （　）

(9) 如果数列$\{a_n\}$和$\{b_n\}$都成等差数列，则$\{a_n+b_n\}$也成等差数列. （　）

(10) 一个等比数列的各项都是正数，则这个数列各项的对数组成等差数列. （　）

2.填空题.

(1) 等差数列18，14，10，6，…的第6项$a_6=$________.

(2) 等比数列15，5，$\frac{5}{3}$，$\frac{5}{9}$，…的通项公式$a_n=$________.

(3) 已知数列的通项公式为$a_n=\frac{2}{n^2+n}$，它的第3项是________，$\frac{1}{10}$是它的第________项.

(4) 数列的前n项和$S_n=3n^2+4n$，则$a_8=$________，$a_n=$________.

(5) 在等比数列中，若$a_1a_4=4$，则$a_2a_3=$________.

(6) 在数列$\{a_n\}$中，$a_1=2$，$a_{17}=66$，通项公式是关于n的一次函数，则此数列的通项公式是________.

(7) 等差数列的第1项是3，若前3项的和等于前15项的和，则公差$d=$________.

(8) 等比数列的$q=-2$，$a_5=32$，则$a_1=$________.

(9) $7+2\sqrt{3}$与$7-2\sqrt{3}$的等比中项是________.

3.选择题.

(1) 1，3，6，10的一个通项公式是(　　).

A. $a_n=n^2-n+1$；　　B. $a_n=n^2-1$；

C. $a_n=\frac{n(n+1)}{2}$；　　D. $a_n=\frac{n(n-1)}{2}$.

(2) 数列0，0，0，…，0，…(　　).

A. 是等差数列但不是等比数列；　　B. 是等比数列但不是等差数列；

C. 既是等差数列又是等比数列；　　D. 既不是等差数列又不是等比数列.

(3) 若数列$\{a_n\}$为等差数列，则(　　).

A. $a_n+a_{n+1}=$常数；　　B. $a_{n+1}-a_n=$常数；

C. $a_{n+1}-a_n=$正数；　　D. $a_{n+1}-a_n=$负数.

(4) 数列$\{a_n\}$为等比数列，则(　　).

A. $\frac{a_{n+1}}{a_n}$=常数；　　B. a_na_{n+1}=常数；

C. $\frac{a_n}{a_{n+1}}$=正数；　　D. $\frac{a_n}{a_{n+1}}$=负数.

(5) 已知等差数列 $a_1+a_6=7$,则 S_6 是(　　).

A. 6；　　B. 21；　　C. 42；　　D. 18.

(6) 等差数列$\{a_n\}$中,若 $a_1-a_4-a_8-a_{12}+a_{15}=2$,则 S_{15} 等于(　　).

A. −30；　　B. 15；　　C. −60；　　D. −15.

(7) 以下命题正确的是(　　).

A. 无穷数列一定是无界数列；　　B. 有穷数列一定是有界数列；

C. 无穷递增数列一定是无界数列；　　D. 有界数列一定是有穷数列.

(8) 在等比数列$\{a_n\}$中,$a_1+a_2=3$,$q=2$,则 a_5 等于(　　).

A. 64；　　B. 32；　　C. 16；　　D. −16.

(9) 若数列$\{a_n\}$的前 n 项和 $S_n=n^2$,则这个数列的前 4 项依次是(　　).

A. 1,3,5,7；　　B. −1,3,−5,0；

C. 1,3,5,0；　　D. −1,−3,−5,0.

(10) 公差不为零的等差数列的第 1、2、5 项构成等比数列,则公比等于(　　).

A. 1；　　B. 2；　　C. 3；　　D. 4.

4. 写出数列的一个通项公式,使它的前 4 项分别是下列各数.

(1) $1+\frac{1}{2^2},1-\frac{3}{4^2},1+\frac{5}{6^2},1-\frac{7}{8^2}$；　　(2) $0,\sqrt{2},0,\sqrt{2}$.

5. 已知无穷数列 $1\times2,2\times3,3\times4,4\times5,\cdots,n(n+1),\cdots$

(1) 求这个数列的第 10 项、第 31 项、第 48 项；

(2) 420 是这个数列的第几项?

6. 实数 $a,b,5a,7,3b,\cdots,c$ 组成等差数列,且 $a+b+5a+7+3b+\cdots+c=2500$,求实数 a,b,c 的值.

7. (1) 在正整数集合中有多少个三位数? 求它们的和.

(2) 在三位正整数的集合中有多少个数是 7 的倍数? 求它们的和.

(3) 求等差数列 13,15,17,…,81 的各项的和.

8. 由数列 1,1+2+1,1+2+3+2+1,1+2+3+4+3+2+1,…前 4 项的值,推测第 n 项 $a_n=1+2+3+\cdots+(n-1)+n+(n-1)+\cdots+3+2+1$ 的结果,并给出证明.

9. (1) 在等差数列$\{a_n\}$中,$a_{10}=100$,$a_{100}=10$,求 a_{110}；

(2) 在等差数列$\{a_n\}$中,$S_{10}=100$,$S_{100}=10$,求 S_{110}.

10. 成等差数列的 3 个正数的和等于 15,并且这 3 个数分别加上 1、3、9 后又成等比数列.求这 3 个数.

11. 依次排列的 4 个数,其和为 13,第 4 个数是第 2 个数的 3 倍,前 3 个数成等比数列,后 3 个数成等差数列,求这 4 个数.

12. 已知等比数列$\{a_n\}$,$a_n=1296$,$q=6$,$S_n=1554$,求 n 和 a_1.

13. 在等比数列$\{a_n\}$的前 n 项中,a_1 最小,且 $a_1+a_n=66$,$a_2a_{n-1}=128$,前 n 项和 $S_n=126$.求 n 和公比 q.

14. 已知$\{a_n\}$是首项为 a_1、公差为 d 的等差数列,$\{b_n\}$是首项为 b_1、公比为 q 的等比数列，求数列$\{a_n+b_n\}$的第13项.

15. 已知a,b,c,d成等比数列（公比为q），求证：

(1) 如果$q\neq1$，那么$a+b,b+c,c+d$成等比数列；

(2) $(a-d)^2=(b-c)^2+(c-a)^2+(d-b)^2$.

16. 某长跑运动员7天里每天训练量（单位：m）为

7500	8000	8500	9000	9500	10000	10500

这位长跑运动员7天共跑了多少米？

17. 一个多边形的周长等于158 cm，所有各边的长成等差数列，最大的边长等于44 cm，公差等于3 cm，求多边形的边数.

18. 在通常情况下，从地面到10000 m高空，每增加1 km，气温就下降某一固定数值. 如果1 km高度的气温是8.5℃，5 km高度的气温是−17.5℃，求2 km、4 km及8 km高度的气温.

19. 打一口30米深的井，在打第1米深的时候需要40分钟，打第2米深的时候需要50分钟，以后每打下1米都比它前1米多用10分钟，问打最后1米要用多长时间？打完这口井，总共需要多长时间？

20. 某企业今年生产某种机器1080台，计划到后年把产量提高到每年生产机器1920台. 如果每一年比上一年增长的百分率相同，这个百分率是多少？（精确到1%）

21. 画1个边长为2 cm的正方形，再以这个正方形的对角线为边画第2个正方形，以第2个正方形的对角线为边画第3个正方形，这样一共画了10个正方形，求：

(1) 第10个正方形的面积； (2) 这10个正方形的面积的和.

22. 抽气机的活塞每一次运动，从容器里抽出$\frac{1}{8}$的空气，因而使容器里的空气的压强降低为原来的$\frac{7}{8}$. 已知最初容器里的压强是760 mmHg，求活塞运动5次后，容器里空气的压强.

【数学史典故4】

有趣的斐波那契数列

一、斐波那契数列的由来

斐波那契数列因为由斐波那契（Leonardo Fibonacci，1175—1250，意大利数学家）以兔子繁殖为例子而引入，故又称为“兔子数列”. 斐波那契在其代表作《算盘书》中提出了一个有趣的兔子问题：一般而言，兔子在出生两个月后，就有繁殖能力，一对兔子每个月能生出一对小兔子来. 如果所有兔都不死，那么一年以后可以繁殖多少对兔子？

我们不妨拿新出生的一对小兔子分析一下：第一个月小兔子没有繁殖能力，所以还是一对；两个月后，生下一对小兔总数共有两对；三个月以后，老兔子又生下一对，因为小兔子还没有繁殖能力，所以一共是三对；……依次类推可以列出下表：

经过月数	0	1	2	3	4	5	6	7	8	9	10	11	12
幼仔对数	1	0	1	1	2	3	5	8	13	21	34	55	89
成兔对数	0	1	1	2	3	5	8	13	21	34	55	89	144
总体对数	1	1	2	3	5	8	13	21	34	55	89	144	233

上表中最下面一行的数字1,1,2,3,5,8,13,21,34,…构成了一个数列$\{a_n\}$,它具有以下特点:$a_n=a_{n-1}+a_{n-2}$,$n\geqslant 3$,该数列称为斐波那契数列.

二、斐波那契数列有趣的属性

1.斐波那契数列与黄金分割

斐波那契数列是一个完全是自然数的数列,但是奇妙的是,它的通项公式却是用无理数来表达的:

$$a_n=\frac{1}{\sqrt{5}}\left[\left(\frac{1+\sqrt{5}}{2}\right)^n-\left(\frac{1-\sqrt{5}}{2}\right)^n\right].$$

而且经研究发现,相邻两个斐波那契数的比值(后项比前项)是随序号的增加而逐渐趋于黄金分割比的,即$\frac{a_{n+1}}{a_n}\to 0.618\cdots$.由于斐波那契数都是整数,两个整数相除之商是有理数,所以只是逐渐逼近黄金分割比这个无理数.但是当项数n足够大时,就会发现相邻两数之比确实是非常接近黄金分割比的.

2. 斐波那契数列自身的规律

(1) 从第2项开始,每个奇数项的平方都比前后两项之积多1,每个偶数项的平方都比前后两项之积少1.

(2) 每3个数有且只有一个被2整除,每4个数有且只有一个被3整除,每5个数有且只有一个被5整除,每6个数有且只有一个被8整除,每7个数有且只有一个被13整除,每8个数有且只有一个被21整除,每9个数有且只有一个被34整除……

3.生物学中的斐波那契数列

除了上述的"兔子繁殖"问题之外,斐波那契数列在植物的花瓣数上也有体现.科学家们惊奇地发现,大部分植物的花瓣数都符合"斐波那契数列",例如,海棠花两个花瓣;百合花、铁兰、鸢尾花有3个花瓣;蝴蝶兰、梅花、洋紫荆、黄蝉、桃、李、樱花、杏、苹果、梨、毛良等都有3个花瓣;飞燕草有8个花瓣;瓜叶菊和万寿菊有13个花瓣;紫菀有21个花瓣;向日葵的花瓣有的是21枚,有的是34枚;大多数的雏菊都是34瓣、55瓣或89瓣.至于为什么会有这样的"巧合",科学家们尚未找到完美的解释.

(摘自《江苏教育学院学报(自然科学版)》2011年05期 作者:凌晓牧)

第五章　排列、组合、二项式定理

问题1：从某班45名同学中任选5名同学，参加学校的座谈会，共有多少种选法？

问题2：从某班45名同学中任选5名同学，分别担任5门不同课程的课代表，共有多少种不同选法？

在这两个问题中，有一个共同的特征：从一个集体中选出一小部分.不同的是，问题1只要选出一小部分就可以了；而问题2中不但要选出一小部分，还要将这一小部分排好顺序.这就是本章要解决的问题，即排列、组合问题.

排列与组合问题对数学的发展产生过巨大的影响.由于计算机的发展和应用，排列、组合知识的应用更加广泛.排列、组合知识是学习二项式定理的基础，又是学习概率、统计的基础.本章将介绍两个基本原理，排列、组合的概念，排列种数、组合种数的计算公式和二项式定理等内容.

第一节　两个基本原理

一、加法原理

引例5.1　某人从甲地到乙地，可以乘火车，也可以乘汽车，还可以乘轮船.一天中，火车有3班，汽车有8班，轮船有2班，问一天中乘坐这些交通工具从甲地到乙地共有多少种不同的走法？

在1天中，从甲地到乙地有3类办法：第1类是乘火车，第2类是乘汽车，第3类是乘轮船.乘火车有3种方法，乘汽车有8种方法，乘轮船有2种方法.以上每一种方法都可以从甲地到达乙地.因此，1天当中乘坐这些交通工具从甲地到乙地的走法，共有

$$3+8+2=13(\text{种}).$$

一般地，有如下原理：

加法原理　完成一件事，有n类办法，在第1类办法中有m_1种不同的方法，在第2类办法中有m_2种不同的方法，……，在第n类办法中有m_n种不同的方法，那么完成这件事共有

$$N=m_1+m_2+\cdots+m_n$$

种不同的方法.

例1　书架上层有不同的语文书8本，中层有不同的数学书5本，下层有不同的英语书10本.现从其中任取1本书，有多少种不同的取法？

解　从书架上任取1本书，有3类取法：第1类取法是从书架的上层取出1本语文书，可以从8本中任取1本，有$m_1=8$种不同的取法；第2类取法是从书架的中层取出1本数学书，可以从5本中任取1本，有$m_2=5$种不同的取法；第3类取法是从书架的下层取出1本英语书，可以从10本中任取1本，有$m_3=10$种不同的取法.只要在书架上任意取出1本，任务即完成.根据加法原理，不同的取法一共有

$$N=m_1+m_2+m_3=8+5+10=23(\text{种}).$$

二、乘法原理

引例 5.2　由 A 地去 C 地，中间必须经过 B 地，且已知由 A 地到 B 地有 3 条路可走，再由 B 地到 C 地有 2 条路可走(如图 5-1 所示)，那么由 A 地经 B 地到 C 地有多少种不同的走法？

这里，从 A 地到 C 地不能由 1 个步骤直接到达，必须经过 B 地这一步骤，从 A 地到 B 地有 3 种不同的走法，分别用 a_1、a_2、a_3 表示，而从 B 地到 C 地有 2 种不同的走法，分别用 b_1、b_2 表示. 所以从 A 地经 B 地到 C 地的全部走法有

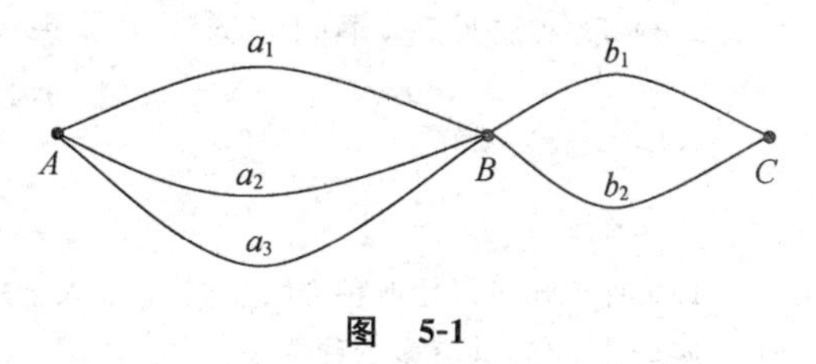

图　5-1

$$a_1b_1, a_1b_2, a_2b_1, a_2b_2, a_3b_1, a_3b_2$$

共计 6 种. 就是从 A 地到 B 地的 3 种走法与从 B 地到 C 地的两种走法的乘积，即

$$3\times2=6(\text{种}).$$

一般地，有如下原理：

乘法原理　完成一件事，需要分成 n 个步骤，做第 1 步有 m_1 种不同的方法，做第 2 步有 m_2 种不同的方法，……，做第 n 步有 m_n 种不同的方法，那么完成这件事共有

$$N=m_1\times m_2\times\cdots\times m_n$$

种不同的方法.

例 2　书架上层有不同的语文书 8 本，中层有不同的数学书 5 本，下层有不同的英语书 10 本. 现从中取出语文、数学、英语书各 1 本，问有多少种不同的取法？

解　从书架上取语文、数学、英语书各 1 本，可以分成 3 个步骤完成：第 1 步取语文书 1 本，有 $m_1=8$ 种不同的取法；第 2 步取数学书 1 本，有 $m_2=5$ 种不同的取法；第 3 步取英语书 1 本，有 $m_3=10$ 种不同的取法. 符合乘法原理的条件，根据乘法原理，共有

$$N=m_1\times m_2\times m_3=8\times5\times10=400$$

种不同的取法.

注意　加法原理与乘法原理的共同点都是研究“完成一件事，共有多少种不同的方法”，不同之处在于一个与“分类”有关，一个与“分步”有关. 具体地讲，如果完成一件事有 n 类办法，而且这 n 类办法彼此之间是相互独立的(即无论哪一类办法中的哪一种方法都能完成这件事，互不影响)，则求完成这件事的方法的总数，就用加法原理；如果完成一件事，需要分成 n 个步骤，各个步骤缺一不可，所有的步骤都做完了，这件事才能完成，而完成每一个步骤又各有若干方法，求完成这件事的方法的总数，就用乘法原理. 即：要解决此类问题，首先要判断是分类，还是分步. 分类时用加法原理，分步时用乘法原理. 其次要注意怎样分类和分步.

例 3　某年级有三个班，一班有三好学生 6 人，二班有三好学生 5 人，三班有三好学生 7 人.

(1) 由这 3 个班中任选 1 名三好学生，出席三好学生表彰会，有多少种不同的选法？

(2) 由这 3 个班中各选 1 名三好学生，出席三好学生表彰会，有多少种不同的选法？

分析　(1) 可以这样想：要完成由 3 个班中任选 1 名三好学生这件事，有几种产生办法？

当由甲班产生 1 名时，有多少种不同的结果？

当由乙班产生 1 名时，有多少种不同的结果？

当由丙班产生 1 名时，有多少种不同的结果？

由于这 3 种办法都能完成“由 3 个班中任选 1 名三好学生”这件事，符合加法原理.

(2) 可以这样想：要完成由 3 个班中各选 1 名三好学生这件事要分哪几步？各步分别有

几种不同的结果？由于这几步中的任何一步都不能单独完成“由3个班中各选1名三好学生”这件事，所以不符合加法原理，但当依次完成这3步时，就能完成这件事，符合乘法原理.

解 (1) 依加法原理，不同的选法种数是

$$N=m_1+m_2+m_3=6+5+7=18;$$

(2) 依乘法原理，不同的选法种数是

$$N=m_1\times m_2\times m_3=6\times 5\times 7=210.$$

习 题 5-1

1. 某件工作可以用两种方法完成，有5人会用第1种方法，另外有4人会用第2种方法，要选出1个人来完成这件工作，共有多少种选法？

2. 某学校高二年级有两个班. 高二(1)班、高二(2)班分别有10人、14人会下象棋. 想从这个年级中选派1名学生去参加学校的象棋比赛，共有多少种选法？

3. 由数字1、2、3、4、5可以组成多少个四位数(各位上的数字允许重复)？

4. 某零件需依次经车、钳、铣3道工序加工. 某组现有车工、钳工、铣工各2名，有多少种不同的安排方法？

5. 从A地到B地有两条路可通，从B地到C地有3条路可通，从A地到D地有4条路可通，从D地到C地有2条路可通. 从A地到C地共有多少种不同的走法？

6. 一个口袋内有5个小球，另一个口袋内有4个小球，所有这些小球的颜色互不相同.

(1) 从两个口袋内任取1个小球，有多少种不同的取法？

(2) 从两个口袋内各取1个小球，有多少种不同的取法？

第二节 排 列

一、排列的概念

引例 5.3 先看下面两个问题.

1. 北京、上海、广州三个民航站之间的直达航线，需要准备多少种不同的机票？

2. 用2、5、8这3个数字可以排成多少个没有重复数字的两位数？

这两个问题可以用乘法原理来解决.

要解决第1个问题，分成两步：第1步，确定始发站，有3种选法；第2步，从剩下的两地中选出1地为终点站，有两种选法. 根据乘法原理，往返北京、上海、广州三地的机票共有

$$3\times 2=6(\text{种}).$$

列举如下：

始发站		终点站	机 票
北京	<	上海 广州	北京→上海 北京→广州
上海	<	北京 广州	上海→北京 上海→广州
广州	<	北京 上海	广州→北京 广州→上海

第2个问题也分成两步：第1步，先选出十位上的数字，有3种选法；第2步，选个位上的数字，从剩下的2个数字（各位上的数字不允许重复）中任选1个放在个位上，有两种方法. 根据乘法原理，组成上述两位数的方法共有

$$3\times2=6(\text{种}).$$

即可以组成6个没有重复数字的两位数. 列举如下：

十位数字		个位数字	组成的两位数
2	<	5 8	25 28
5	<	2 8	52 58
8	<	2 5	82 85

被取的对象（如上面问题中的学生、数字中的任何一个）叫做**元素**. 上面两个例子所考察的对象与研究的问题是不同的，但是如果抽去它们的实际意义，那么它们都可以概括为从3个不同的元素中，每次取出两个元素，按照一定的顺序排成一列，共有多少种不同的排法的问题.

一般地，对于这类问题，给出如下定义：

从 n 个不同的元素中，任取 $m(m\leqslant n)$ 个不同元素，按照一定的顺序排成一列，叫做**从 n 个不同元素中任取 m 个不同元素的一个排列**.

从上述排列定义可以知道，两个排列相同，不仅指这两个排列所含的元素要完全相同，而且元素排列的顺序也要完全相同. 如果两个排列里所含的元素不完全相同，即使所含的元素完全相同，但排列的顺序不同，它们也是不同的排列. 例如，两位数58与85，虽然它们的元素都是5、8，但排列顺序不同，因此它们也是两个不同的排列.

如果 $m<n$，那么从 n 个不同元素中取出 m 个不同元素的排列，叫做**选排列**. 如果 $m=n$，即从 n 个不同元素中取出所有 n 个元素的排列，叫做**全排列**.

二、排列种数的计算公式

一般地，从 n 个不同元素中取出 $m(m\leqslant n)$ 个不同元素的所有排列的个数，叫做从 n 个不同元素中取出 m 个不同元素的**排列种数**，用符号 P_n^m 表示（P 是排列的英文 Permutation 的第一个字母）.

例如，本节开始所举的两个例子，都是从3个不同元素中每次取出两个不同元素的排列问题，排列种数均为 P_3^2.

下面来研究排列种数 P_n^m 的计算公式.

我们可以这样来考虑：假定有排好顺序的 m 个空位（如图5-2所示），从 n 个不同的元素中任取 m 个不同的元素填空，每个空位填入1个元素. 这样，对应于每一种填法（填满 m 个空位），就得到1个排列. 因此，所有不同填法的种数就是所求排列种数 P_n^m.

第1位	第2位	第3位	…	第 m 位
↑	↑	↑		↑
n	$n-1$	$n-2$	…	$n-m+1$

图 5-2

填满这 m 个空位可以分成 m 步来完成.

第1步:确定第1个空位的元素,可以从这 n 个不同元素中任选1个填上,有 n 种填法.

第2步:确定第2个空位的元素,只能从余下的 $(n-1)$ 个不同元素中任选1个填上,有 $(n-1)$ 种填法.

第3步:确定第3个空位的元素,只能从余下的 $(n-2)$ 个不同元素中任选1个填上,有 $(n-2)$ 种填法.

……

第 m 步:确定第 m 个空位的元素,当前面的 $(m-1)$ 个空位填上后,第 m 个空位只能从余下的 $[n-(m-1)]$ 个不同元素中任选一个填上,共有 $(n-m+1)$ 种填法.

根据乘法原理,全部填满 m 个空位共有

$$n(n-1)(n-2)\cdots(n-m+1)$$

种填法.

这样,就得到排列种数计算公式

$$P_n^m = n(n-1)(n-2)\cdots(n-m+1), \tag{5-1}$$

其中 m、$n\in \mathbf{N}^+$ 且 $m\leqslant n$. 在这个公式中,右边第1个因数是 n,后面每个因数依次比它的前一个因数少1,最后一个因数是 $n-m+1$,即元素总数与选取元素个数之差加上1,共有 m 个因数相乘.

当 $m=n$ 时,由公式(5-1),得

$$P_n^n = n(n-1)(n-2)\cdots 3\times 2\times 1. \tag{5-2}$$

式(5-2)右端是自然数1到 n 的连乘积,叫做 n **的阶乘**,记作 $n!$. 于是公式(5-2)可以写成

$$P_n^n = n!. \tag{5-3}$$

即 n 个不同元素的全排列的总数(简称为全排列数)等于 $n!$.

由阶乘的定义,可以得到公式(5-1)的另一种等价写法

$$P_n^m = \frac{n!}{(n-m)!}. \tag{5-4}$$

为使公式(5-4)在 $m=n$ 时也成立,规定 $0!=1$.

例1 计算 P_{10}^4 与 P_6^6.

解
$$P_{10}^4 = 10\times 9\times 8\times 7 = 5040;$$
$$P_6^6 = 6! = 6\times 5\times 4\times 3\times 2\times 1 = 720.$$

例2 从某班45名同学中任选5名同学,分别担任5门不同课程的课代表,共有多少种不同选法?

解 从45名同学中选出5名的排列种数为

$$P_{45}^{5}=45\times44\times43\times42\times41=146\,611\,080,$$

即共有 146 611 080 种选法.

例 3 用 1、2、3、4、5 四个数字可以组成多少个没有重复数字的三位数?

解 用数字 1、2、3、4、5 组成没有重复数字的三位数,就是从这 5 个数字中每次取出 3 个不同数字的排列问题,根据公式(5-1)可得符合题意的三位数的个数为

$$P_{5}^{3}=5\times4\times3=60.$$

即用数字 1、2、3、4、5 可以组成 60 个没有重复数字的三位数.

三、重复排列

上面讨论的排列中每一个排列的组成元素都是互异的,即没有相同的元素出现在同一个排列中.但是,很多实际问题却允许元素重复出现.

一般地,从 n 个不同的元素中,任取 $m(m\leqslant n)$ 个元素,取出的元素允许重复,然后按照一定的顺序排成一列,这样的排列叫做**重复排列**.

由乘法原理,从 n 个元素中任取 $m(m\leqslant n)$ 做重复排列时,第一、第二、…、第 m 个位置上选取元素的方法都是 n 个,所以从 n 个不同的元素中每次取出 m 个元素的重复排列的种数是

$$N=\underbrace{n\cdot n\cdot\cdots\cdot n}_{m个}=n^{m}. \tag{5-5}$$

例 4 某城市电话号码由 8 位数字组成,首位数字为 6,其他 7 位上的数字可以是 0、1、2、…、9,问该城市最多可以安装多少台不同号码的电话?

解 因为首位数字固定,我们只需分析其他 7 位数字如何安排.显然,其他 7 位每一位上的数字都有 10 种选法,即 0、1、2、…、9 这 10 个数字中任 1 个,有 10 种选法,这是一个重复排列的问题,根据公式(5-5),排列种数为

$$10\times10\times10\times10\times10\times10\times10=10^{7},$$

即该市可以安装 1000 万部不同电话号码的电话.

例 5 4 位自然数一共有多少个?

分析 从 0、1、2、…、9 这 10 个数字中任意选取 4 个(数字允许重复),按照从高位到低位的顺序排成一排(0 不能排在首位),就是一个 4 位自然数.

解法 1 首先选取千位上的数字,由于 0 不能排在首位,因此只能从 1、2、3、…、9 这 9 个数字中任选 1 个,有 9 种选法;然后选取百位、十位和个位上的数字.由于数字允许重复,因此后 3 位数字的排列是从 10 个不同的数字中,每次取出 3 个数字的重复排列,有 10^{3} 种选法,根据乘法原理,4 位自然数一共有

$$9\times10^{3}=9000(个).$$

解法 2 从 0、1、2、…、9 这 10 个数字中,每次取出 4 个数字的重复排列种数是 10^{4} 个,其中包括数字 0 排在首位的重复排列种数 10^{3} 个.由于数字 0 不能排在首位,因此所求的重复排列种数有

$$10^{4}-10^{3}=9000.$$

即 4 位自然数有 9000 个.

习 题 5-2

1. 写出从 a、b、c、d 这 4 个元素中任取两个的所有排列,并指出共有多少种?

2. 计算：

(1) P_5^2；　(2) P_6^6；　(3) $P_8^4-2P_8^2$；　(4) $\frac{P_7^5}{P_7^4}$.

3. 在下面的空格处填上合适的数字：

n	2	3	4	5	6	7	8
$n!$							

4. 某班学生50人，现选出3人，分别担任正、副班长和团支书，共有多少种选法？

5. 8名同学排成1排照相，有多少种排法？

6. 用1、2、3、4、5这5个数字可以组成多少个没有重复数字的4位数？其中有多少个4位数是5的倍数？

7. 9名表演者站成一排表演，规定领唱者必须站在中间，朗诵者必须站在最右侧，共有多少种排法？

8. 以5为首的7位电话号码共有多少个？

9. 3位自然数一共有多少个？

10. 由数字1、2、3、4、5可以组成多少个4位数(各位上的数字允许重复)？

第三节　组　　合

一、组合的概念

先看下面两个问题：

1. 三支球队分别来自北京、上海、广州，两两举行一次友谊赛，共需比赛几场？

2. 用2、5、8这3个数字每次取出2个，可以得到多少个不同的积？

第1个问题的比赛场次共3场：北京队VS上海队，北京队VS广州队，广州队VS上海队.

第2个问题得到的积有3种

$$2\times5=10,\quad 5\times8=40,\quad 2\times8=16.$$

这两个问题都是从3个不同的元素中任取两个、不管顺序并成一组，求共有多少种不同的组数的问题. 共同特点是，结果只与选出的元素有关，而与选出的元素的顺序无关. 一般地，对于这类问题，给出如下定义：

从 n 个不同元素中，任取 $m(m\leqslant n)$ 个不同元素，不管顺序，并成一组，叫做从 n 个不同元素中取出 m 个不同元素的一个组合.

由排列和组合的定义可知，排列和组合的根本区别就在于排列对于元素有顺序的要求，而组合对于元素没有顺序的要求.

二、组合种数的计算公式

从 n 个不同元素中取出 $m(m\leqslant n)$ 个不同元素的所有组合的个数，叫做从 n 个不同元素中取出 m 个不同元素的**组合种数**，用符号 C_n^m 表示(C 是组合的英文 Combination 的第一个字母).

例如，本节开始所举的两个例子，都是从3个不同元素中每次取出两个不同元素的组合问题，组合种数可表示为 C_3^2.

排列问题与组合问题有着密不可分的关系，下面将从组合种数 C_n^m 与排列种数 P_n^m 的关系入手，找出组合种数 C_n^m 的计算公式.

例如，从 4 个不同元素 a、b、c、d 中取出 3 个元素的排列与组合的关系如图 5-3 所示.

由图中可以看出，对应于每一个组合都有 6 个不同的排列，因此，求从 4 个不同元素中取 3 个不同元素的排列数 P_4^3，可以按照下面两步来考虑.

第 1 步：从 4 个不同元素中取出 3 个不同元素做组合，共有 C_4^3 个，由上表可知 $C_4^3=4$.

第 2 步：对每一个组合中的 3 个不同元素做全排列，每一组合对应的全排列数都是 $P_3^3=6$.

根据乘法原理，得

$$P_4^3=C_4^3\cdot P_3^3,$$

所以

$$C_4^3=\frac{P_4^3}{P_3^3}.$$

组　合		排　列		
abc	→	*abc*	*bac*	*cab*
		acb	*bca*	*cba*
abd	→	*abd*	*bad*	*dab*
		adb	*bda*	*dba*
acd	→	*acd*	*cad*	*dac*
		adc	*cda*	*dca*
bcd	→	*bcd*	*cbd*	*dbc*
		bdc	*cdb*	*dcb*

图　5-3

一般地，求从 n 个不同元素中取出 m 个不同元素的排列种数 P_n^m，可按以下两步来进行.

第 1 步：求出从这 n 个不同元素中取出 m 个元素的组合数 C_n^m.

第 2 步：求每一个组合中 m 个元素的全排列数 P_m^m.

根据乘法原理，得

$$P_n^m=C_n^m\cdot P_m^m,$$

因此

$$C_n^m=\frac{P_n^m}{P_m^m}=\frac{n(n-1)(n-2)\cdots(n-m+1)}{m!}. \qquad (5\text{-}6)$$

这里 n、m 是正整数，且 $m\leqslant n$. 这个公式叫做**组合种数计算公式.**

由 $P_n^m=\dfrac{n!}{(n-m)!}$ 可知，公式(5-6)还可以写成

$$C_n^m=\frac{n!}{m!(n-m)!}. \qquad (5\text{-}7)$$

这也是计算组合种数的一个常用公式.

由于 $0!=1$,因此 $C_n^0=\frac{n!}{0!\ (n-0)!}=1$,即

$$C_n^0=1.$$

例 1 计算 C_7^4 及 C_{100}^3.

解

$$C_7^4=\frac{7\times6\times5\times4}{4\times3\times2\times1}=35;$$

$$C_{100}^3=\frac{100\times99\times98}{3\times2\times1}=161\ 700.$$

例 2 从 10 名同学中选出 5 名参加小合唱,有多少种选法?

解 这实际上是从 10 个不同元素中取出 5 个元素的组合问题,即

$$C_{10}^5=\frac{10\times9\times8\times7\times6}{5\times4\times3\times2\times1}=252(\text{种}).$$

即有 252 种选法.

例 3 平面内有 12 个点,任何 3 个点都不在同一条直线上,以每 3 个点为顶点画三角形,一共可画多少个三角形?

解 因为平面内的 12 个点中任意 3 个点都不在同一条直线上,所以,以平面内 12 个点中的任意 3 个点为顶点画出的三角形个数就是从 12 个不同的元素中取出 3 个不同元素的组合种数,即

$$C_{12}^3=\frac{12\times11\times10}{3\times2\times1}=220.$$

所以,一共可画 220 个三角形.

三、组合种数的两个性质

先看下面的例子:

例 4 10 名同学参加义务劳动:

(1) 选出 3 人参加植树活动,可以有多少种不同的选法?

(2) 选出 7 人清扫公园,可以有多少种不同的选法?

解 (1) $C_{10}^3=\frac{10\times8\times9}{3\times2\times1}=120(\text{种})$;

(2) $C_{10}^7=\frac{10\times9\times8\times7\times6\times5\times4}{7\times6\times5\times4\times3\times2\times1}=120(\text{种})$.

即从 10 人中选出 3 人参加植树活动和选出 7 人清扫公园劳动的选法数均为 120.

由上例不难得到,从 10 个不同元素中选出 3 个和选出 $10-3=7$ 个的组合种数是相等的,即

$$C_{10}^3=C_{10}^7.$$

一般地,有

性质 1 $C_n^m=C_n^{n-m}\quad(m\leqslant n)$. (5-8)

证明 因为

$$C_n^m=\frac{n!}{m!\ (n-m)!},$$

$$C_n^{n-m}=\frac{n!}{(n-m)!\ [n-(n-m)]!}=\frac{n!}{(n-m)!\ m!},$$

所以

$$C_n^m=C_n^{n-m}\quad(m\leqslant n).$$

这个性质也可以由组合的定义得出.从 n 个不同的元素中取出 m 个不同元素并成一组，那么，剩下的 $(n-m)$ 个元素相应地也构成了一组，也就是说，从 n 个不同的元素中取出 m 个不同元素的每一个组合，都对应着从 n 个不同的元素中取出 $(n-m)$ 个不同元素的唯一的一个组合；反过来也是一样的.因此有 $C_n^m=C_n^{n-m}$.

性质 1 的用处是：当 $m>\dfrac{n}{2}$ 时，通常不直接计算 C_n^m，而是改为计算 C_n^{n-m}，这样可使计算简便.例如，C_{10}^8 可以这样计算

$$C_{10}^8=C_{10}^{10-8}=C_{10}^2=\frac{10\times 9}{2!}=45.$$

例 5　计算 C_{200}^{198} 及 C_{18}^{15}.

解

$$C_{200}^{198}=C_{200}^2=\frac{200\times 199}{2\times 1}=19\,900;$$

$$C_{18}^{15}=C_{18}^3=\frac{18\times 17\times 16}{3\times 2\times 1}=816.$$

性质 2　$C_{n+1}^m=C_n^m+C_n^{m-1}$.　(5-9)

证明

$$\begin{aligned}C_n^m+C_n^{m-1}&=\frac{n!}{m!\,(n-m)!}+\frac{n!}{(m-1)!\,[n-(m-1)]!}\\&=\frac{n!\,(n-m+1)+n!\,m}{m!\,(n-m+1)!}\\&=\frac{(n-m+1+m)n!}{m!\,(n+1-m)!}\\&=\frac{(n+1)!}{m!\,[(n+1)-m]!}\\&=C_{n+1}^m,\end{aligned}$$

即

$$C_{n+1}^m=C_n^m+C_n^{m-1}.$$

这个性质也可以根据组合的定义与加法原理得出.从 a_1、a_2、…、a_n、a_{n+1} 这 $(n+1)$ 个不同的元素中取出 m 个不同元素的组合种数是 C_{n+1}^m，这些组合可以分成两类：一类含有 a_1，一类不含 a_1；含有 a_1 的组合是从 a_2、a_3、…、a_{n+1} 这 n 个元素中取出 $(m-1)$ 个元素与 a_1 组成的，共有 C_n^{m-1} 个；不含 a_1 的组合是从 a_2、a_3、…、a_{n+1} 这 n 个元素中取出 m 个元素组成的，共有 C_n^m 个.根据加法原理，得

$$C_{n+1}^m=C_n^m+C_n^{m-1}.$$

例 3　计算.

(1) $C_{49}^{46}+C_{49}^{47}$；　(2) $C_{16}^3-C_{15}^2$.

解　(1) $C_{49}^{46}+C_{49}^{47}=C_{50}^{47}=C_{50}^3=\dfrac{50\times 49\times 48}{3\times 2\times 1}=19\,600$；

(2) $C_{16}^3-C_{15}^2=C_{15}^3=\dfrac{15\times 14\times 13}{3\times 2\times 1}=455$.

习题 5-3

1.写出：

(1) 从5个元素 a、b、c、d、e 中任取2个元素的所有组合；

(2) 从5个元素 a、b、c、d、e 中任取3个元素的所有组合.

2.利用第1题第(1)小题的结果，写出从5个元素 a、b、c、d、e 中任取2个元素的所有排列.

3.计算：

(1) C_8^3；　　(2) C_{100}^2；　　(3) $C_{10}^4-C_9^4$；　　(4) $C_5^3\cdot C_4^2$.

4.某校举行排球赛，有12个队参加，比赛采用单循环制(即每队都与其他各队比赛一场)，总共要比赛多少场？

5.10个人相互握手告别，共要握手多少次？

6.平面内有8个点，其中任何3点都不在同一条直线上，过每2个点作直线，一共可以作多少条直线？

第四节　排列与组合的应用

利用排列、组合能解决的实际问题很多，这里就一些简单的应用问题进行讨论，说明求解排列、组合应用题的分析方法.

例1　用0、1、…、9这10个数字可以组成多少个没有重复数字的四位数？

解法1　组成一个没有重复数字的四位数，可以分成两步来完成.

第1步：确定千位上的数字，由于千位上的数字不能为0，所以只能从1到9这9个数字中任取1个，有9种取法.

第2步：从剩下的9个数字中取出3个不同的数字分别放在百位、十位和个位上，共有 P_9^3 种取法. 根据乘法原理，用0、1、…、9这10个数字组成没有重复数字的四位数的个数为

$$9P_9^3=9\times(9\times8\times7)=4536(\text{个}).$$

解法2　由于千位上的数字不能为0，因此没有重复数字的四位数的个数等于从0到9这10个数字中取出4个不同数字的排列数减去其中千位数字为0的排列数，而后者等于从1到9这9个数字中取出3个不同数字的排列数. 从而没有重复数字的4位数的个数为

$$P_{10}^4-P_9^3=10\times9\times8\times7-9\times8\times7=(10-1)\times9\times8\times7=4536(\text{个}).$$

例2　用红、黄、蓝3面旗子按一定的顺序，从上到下排列在竖直的旗杆上表示信号，每次可以任挂1面、2面或3面，并且不同的顺序表示不同的信号，一共可以表示多少种信号？

解　由于用任意1面、2面或3面旗子都可以表示某种信号，所以用1面旗子表示的信号对应着从3个元素中每次取出1个元素的排列，排列数是 P_3^1；用2面旗子表示的信号对应着从3个元素中每次取出2个元素的排列，排列数是 P_3^2；用3面旗子表示的信号对应着从3个元素中每次取出3个元素的排列，排列数是 P_3^3. 由于以上3种形式都可以表示某一种信号，因而根据加法原理，所求信号种数是

$$P_3^1+P_3^2+P_3^3=3+3\times2+3\times2\times1=15.$$

例3　从编号为1,2,3,…,10,11的共11个球中，取出5个球，使得这5个球的编号之和为奇数，一共有多少种不同的取法？

解　所取5个球的编号之和为奇数包含三种情况：1个奇数4个偶数，有不同取法 $C_6^1C_5^4$ 种；3个奇数2个偶数，有不同取法 $C_6^3C_5^2$ 种；5个奇数没有偶数，有不同取法 C_6^5 种. 而这三种

情况是并列的，所以由加法原理，不同取法有

$$C_6^1C_5^4+C_6^3C_5^2+C_6^5=236(\text{种}).$$

例 4　某校举行元旦晚会，学生有 7 个节目，教师有 3 个节目，要求最后 1 个节目是教师的节目，有多少种不同的排法？

解法 1　节目的安排可分两个步骤.

第 1 步：安排最后一个节目. 由于教师的节目排在最后，在教师的 3 个节目中任选 1 个排在最后，其排列种数为 P_3^1.

第 2 步：安排其余节目. 在安排好最后 1 个节目之后，其余节目的安排只能从剩下的 9 个节目中选取. 由于余下的节目不受限制地全部参加排列，因此其排列种数为 P_9^9.

根据乘法原理，节目的不同排法种数为

$$P_3^1\cdot P_9^9=3\times 9!=1\,088\,640.$$

解法 2　教师、学生的节目不受限制地全部参加的排列种数为 P_{10}^{10}. 在这所有的排列中将学生节目排在最后的排列减去，即为教师节目排在最后的排列. 学生节目排在最后的排列共有 $P_7^1\cdot P_9^9$ 种，所以教师节目排在最后的排列种数为

$$P_{10}^{10}-P_7^1\cdot P_9^9=10P_9^9-7P_9^9=3\times 9!=1\,088\,640.$$

例 5　现有 8 名青年，其中有 5 名能胜任英语翻译工作；有 4 名青年能胜任德语翻译工作（其中有 1 名青年两项工作都能胜任），现在要从中挑选 5 名青年承担一项任务，其中 3 名从事英语翻译工作，2 名从事德语翻译工作，则有多少种不同的选法？

解　我们可以分为三类情况考虑：

(1) 让两项工作都能担任的青年从事英语翻译工作，有 $C_4^2C_3^2$；

(2) 让两项工作都能担任的青年从事德语翻译工作，有 $C_4^3C_3^1$；

(3) 让两项工作都能担任的青年不从事任何工作，有 $C_4^3C_3^2$.

则由加法原理，一共有不同选法

$$C_4^2C_3^2+C_4^3C_3^1+C_4^3C_3^2=42(\text{种}).$$

例 6　100 件产品中有合格品 90 件，次品 10 件，现从中抽取 4 件检查.

(1) 一共有多少种不同的抽法？

(2) 都不是次品的取法有多少种？

(3) 恰有 1 件次品的取法有多少种？

(4) 至少有 1 件次品的取法有多少种？

解　(1) 所求的不同抽法的种数，就是从 100 件产品中取出 4 件的组合种数，共有不同取法为

$$C_{100}^4=\frac{100\times 99\times 98\times 97}{4\times 3\times 2\times 1}=3\,921\,225(\text{种}).$$

(2) 抽出的 4 四件产品都不是次品，即相当于从 90 件正品中任取 4 件，共有不同取法

$$C_{90}^4=\frac{90\times 89\times 88\times 87}{4\times 3\times 2\times 1}=2\,555\,190(\text{种}).$$

(3) 抽出的 4 件产品中恰有 1 件次品可以看做是两步来完成：第 1 步，从 10 件次品中抽出 1 件，这有 C_{10}^1 种抽法；第 2 步，从 90 件合格品中抽出 3 件，这有 C_{90}^3 种抽法. 则由乘法原理，抽出的 4 件中恰好有 1 件次品的抽法种数是

$$C_{10}^1\cdot C_{90}^3=10\times 117\,480=1\,174\,800(\text{种}).$$

(4) **解法一**：至少有1件次品的取法包含以下四种情况：4件产品中1件次品，3件正品，有不同取法$C_{10}^1C_{90}^3$种；4件产品中2件次品，2件正品，有不同取法$C_{10}^2C_{90}^2$种；4件产品中3件次品，1件正品，有不同取法$C_{10}^3C_{90}^1$种；4件产品均为次品，有不同取法C_{10}^4种.因此，至少有1件是次品的抽法种数为

$$C_{10}^1C_{90}^3+C_{10}^2C_{90}^2+C_{10}^3C_{90}^1+C_{10}^4=1\,366\,035(\text{种}).$$

解法二：从100件产品中抽出4件，一共有C_{100}^4种抽法，在这些抽法里，除去抽出的4件都是合格品的抽法C_{90}^4种，剩下的便是抽出的4件中至少有1件次品的抽法种数，即

$$C_{100}^4-C_{90}^4=3\,921\,225-2\,555\,190=1\,366\,035(\text{种}).$$

例7 有6本不同的书，按下列要求各有多少种不同的分法：

(1) 分给甲、乙、丙三人，每人两本；

(2) 分为三份，一份一本，一份两本，一份三本；

(3) 分给甲、乙、丙三人，一人一本，一人两本，一人三本.

解 (1) 分三步选书，每一步选出两本，由乘法原理，共有不同的分法为

$$C_6^2C_4^2C_2^2=90(\text{种}).$$

(2) 与第(1)问类似，仍分三步选书，第一步选出1本，第二步选出2本，第三步选出三本，由乘法原理，共有不同的分法为

$$C_6^1C_5^2C_3^3=60(\text{种}).$$

(3) 此问比第(2)问又多了一步，即将第(2)问中分成三份的书作全排列，由乘法原理，共有不同的分法为

$$C_6^1C_5^2C_3^3A_3^3=360(\text{种}).$$

习 题 5-4

1. 计算.

(1) C_{100}^{98}；　　(2) C_{50}^{48}；

(3) $C_{190}^{180}-C_{190}^{10}$；　　(4) $C_{16}^3-C_{15}^2$；

(5) $C_8^3+C_8^2+C_9^4-C_{10}^4$；　　(6) $C_{19}^{17}+C_{19}^{16}$.

2. 现有1元、5元、10元的纸币各一张，可以组成多少种币值?

3. 某班有52名学生，其中正、副班长各1名，现派5名学生完成一项工作：

(1) 正、副班长必须参加，有多少种派法?

(2) 正、副班长只能且必须去1人，有多少种派法?

(3) 正、副班长至少有1人参加，有多少种派法?

4. 某小组有10名同学，其中男生6人，女生4人.现挑选3人参加学校组织的某项活动，要求其中至少有1名女生，共有多少种不同的挑选方法?

5. 有5种不同的小麦种子和4块不同的实验园地.现要选3种小麦种子种在3块园地里进行实验，共有多少种不同的实验方案?

6. 一种密码锁的密码由1到9中的6个数字组成(允许重复)，共能组成多少个密码?

7. 抛掷3枚不同的硬币，可能出现的结果有多少种?

8. 已知集合{1、2、3、4、5}，这个集合有多少个不同的子集?

9. 从1、3、5、7、9中任取3个数字，从2、4、6、8中任取两个数字，组成没有重复数字的5位数，一共可以组成多少个数?

第五节 二项式定理

一、二项式定理

我们已经知道

$$(a+b)^2=a^2+2ab+b^2,$$
$$(a+b)^3=a^3+3a^2b+3ab^2+b^3.$$

下面来讨论

$$\begin{aligned}(a+b)^4&=(a+b)(a+b)(a+b)(a+b)\\&=a^4+4a^3b+6a^2b^2+4ab^3+b^4\end{aligned}$$

的展开式有什么规律.

$(a+b)^4$ 的展开式的每一项,是从 4 个括号中每个里面任取 1 个字母的乘积,因而各项都是 4 次式,即展开式有下面形式的各项:

$$a^4、a^3b、a^2b^2、ab^3、b^4.$$

现在来看上面各项在展开式中的个数,也就是讨论展开式中各项的系数. 运用组合的知识来讨论.

在 4 个括号中,都不取 b 的情况有 C_4^0 种,所以 a^4 的系数是 C_4^0;

在 4 个括号中,恰有 1 个取 b 的情况有 C_4^1 种,所以 a^3b 的系数是 C_4^1;

在 4 个括号中,恰有 2 个取 b 的情况有 C_4^2 种,所以 a^2b^2 的系数是 C_4^2;

在 4 个括号中,恰有 3 个取 b 的情况有 C_4^3 种,所以 ab^3 的系数是 C_4^3;

在 4 个括号中,4 个都取 b 的情况有 C_4^4 种,所以 b^4 的系数是 C_4^4.

因此

$$\begin{aligned}(a+b)^4&=C_4^0a^4+C_4^1a^3b+C_4^2a^2b^2+C_4^3ab^3+C_4^4b^4\\&=a^4+4a^3b+6a^2b^2+4ab^3+b^4.\end{aligned}$$

一般地,对于任意正整数 n,有下面的公式

$$(a+b)^n=C_n^0a^n+C_n^1a^{n-1}b+\cdots+C_n^ka^{n-k}b^k+\cdots+C_n^nb^n. \tag{5-10}$$

公式(5-10)叫做**二项式定理**,右边的多项式叫做 $(a+b)^n$ 的**二项展开式**,共有 $n+1$ 项,其中每一项的系数 $C_n^k(k=0,1,2,\cdots,n)$ 叫做**二项式系数**,式中的 $C_n^ka^{n-k}b^k$ 叫做二项展开式的通项,它是展开式中的第 $k+1$ 项,用 T_{k+1} 表示为

$$T_{k+1}=C_n^ka^{n-k}b^k.$$

在二项式定理中,如果取 $a=1$、$b=x$,则得到

$$(1+x)^n=1+C_n^1x+C_n^2x^2+\cdots+C_n^kx^k+\cdots+C_n^nx^n. \tag{5-11}$$

公式(5-11)也是一个常用公式.

例 1 求 $\left(1+\frac{1}{x}\right)^4$ 的二项展开式.

解
$$\begin{aligned}\left(1+\frac{1}{x}\right)^4&=C_4^0+C_4^1\left(\frac{1}{x}\right)+C_4^2\left(\frac{1}{x}\right)^2+C_4^3\left(\frac{1}{x}\right)^3+C_4^4\left(\frac{1}{x}\right)^4\\&=1+4\times\left(\frac{1}{x}\right)+6\times\left(\frac{1}{x}\right)^2+4\times\left(\frac{1}{x}\right)^3+1\times\left(\frac{1}{x}\right)^4\end{aligned}$$

$$=1+\frac{4}{x}+\frac{6}{x^2}+\frac{4}{x^3}+\frac{1}{x^4}.$$

例2 求$(1-2x)^5$的展开式.

解
$$\begin{aligned}(1-2x)^5&=[1+(-2x)]^5\\&=1+C_5^1(-2x)+C_5^2(-2x)^2+C_5^3(-2x)^3+C_5^4(-2x)^4+C_5^5(-2x)^5\\&=1-10x+40x^2-80x^3+80x^4-32x^5.\end{aligned}$$

例3 求$\left(x-\frac{1}{x}\right)^8$的展开式中$x^2$的系数.

解 展开式的通项是

$$T_{k+1}=C_8^k x^{8-k}\left(-\frac{1}{x}\right)^k=(-1)^k C_8^k x^{8-2k}.$$

根据题意，得

$$8-2k=2,$$
$$k=3.$$

因此，x^2的系数是

$$(-1)^3 C_8^3=(-1)^3\times\frac{8\times7\times6}{3\times2\times1}=-56.$$

注意 二项展开式中第$k+1$项的系数与第$k+1$项的二项式系数C_n^k是两个不同的概念，这一点一定要分清楚.

例如，在$(1+2x)^7$的二项展开式中，第4项为$T_4=C_7^3\cdot1^{7-3}\cdot(2x)^3$，其二项式系数是$C_7^3=35$；而第4项的系数是指$x^3$的系数，应是$C_7^3\cdot2^3=280$.

例4 计算$(1.003)^{10}$的近似值(精确到0.001).

解 $(1.003)^{10}=(1+0.003)^{10}=1+10\times0.003+45\times0.003^2+\cdots$.

根据题中精确度的要求，从第3项起以后各项都可以忽略不计，所以

$$(1.003)^{10}\approx1+10\times0.003=1.03.$$

二、二项展开式的性质

将二项展开式的二项式系数列出：

$(a+b)^0$……………… 1

$(a+b)^1$……………… 1 1

$(a+b)^2$……………… 1 2 1

$(a+b)^3$……………… 1 3 3 1

$(a+b)^4$……………… 1 4 6 4 1

$(a+b)^5$……………… 1 5 10 10 5 1

$(a+b)^6$………………1 6 15 20 15 6 1

…… ……

$(a+b)^n$…… 1 C_n^1 … C_n^{k-1} C_n^k … C_n^{n-1} 1

$(a+b)^{n+1}$… 1 C_{n+1}^1 C_{n+1}^2 … C_{n+1}^k … C_{n+1}^n 1

观察可以知：

每行两端都是1，而且除1以外的每一个数都等于它肩上两个数的和，即$C_{n+1}^k=C_n^{k-1}+C_n^k$.我国宋朝数学家杨辉于1261年在他所著的《详解九章算法》一书中就已列出上面的形

式，称之为杨辉三角. 在欧洲，人们认为这是法国数学家帕斯卡(Blaise Pascal，1623－1662)首先发现的，他们把这个表叫做帕斯卡三角.

二项式$(a+b)^n$的展开式，具有下面一些性质：

(1) 展开式中共有$n+1$项.

(2) a按降幂排列，次数由n到0；b按升幂排列，次数由0到n.

(3) 每项里a和b的指数之和等于二项式的指数n.

(4) 由第1项起，各项二项式系数依次为

$$C_n^0,\ C_n^1,\ C_n^2,\cdots,\ C_n^n.$$

(5) 与首末两端"等距离"的两项的二项式系数相等. 由组合数的性质$C_n^k=C_n^{n-k}$亦可得出这一点.

(6) 如果二项式的幂指数是偶数，那么中间一项的二项式系数最大；如果二项式的幂指数是奇数，那么中间两项的二项式系数相等并且最大.

例5　求$(1+x)^8$的展开式中二项式系数最大的项.

解　已知二项式幂指数是偶数8，展开式共有9项，根据二项展开式的性质，中间一项的二项式系数最大，所以要求的项为

$$T_5=C_8^4x^4=70x^4.$$

例6　证明$C_n^0+C_n^1+C_n^2+\cdots+C_n^k+\cdots+C_n^n=2^n$，并求$C_{10}^2+C_{10}^3+C_{10}^4\cdots+C_{10}^9$的值.

证明　运用$(1+x)^n$的展开式

$$(1+x)^n=C_n^0+C_n^1x+C_n^2x^2+\cdots+C_n^kx^k+\cdots+C_n^nx^n,$$

取$x=1$，则有

$$2^n=C_n^0+C_n^1+C_n^2+\cdots+C_n^k+\cdots+C_n^n.$$

这说明，$(a+b)^n$的展开式的所有二项式系数的和等于2^n.

$$\begin{aligned}C_{10}^2+C_{10}^3+C_{10}^4\cdots+C_{10}^9&=2^{10}-C_{10}^0-C_{10}^1-C_{10}^{10}\\&=1024-1-10-1=1012.\end{aligned}$$

例7　证明在$(a+b)^n$的展开式中，奇数项的二项式系数的和等于偶数项的二项式系数的和.

证明　在展开式

$$(a+b)^n=C_n^0a^n+C_n^1a^{n-1}b+C_n^2a^{n-2}b^2+\cdots+C_n^nb^n$$

中，令$a=1$、$b=-1$，则得

$$(1-1)^n=C_n^0-C_n^1+C_n^2-C_n^3+\cdots+(-1)^nC_n^n,$$

整理，得

$$0=(C_n^0+C_n^2+\cdots)-(C_n^1+C_n^3+\cdots),$$

所以

$$C_n^0+C_n^2+\cdots=C_n^1+C_n^3+\cdots,$$

即$(a+b)^n$的展开式中，奇数项的二项式系数的和等于偶数项的二项式系数的和.

习 题 5-5

1.求$(p+q)^7$和$(2p+q)^7$的展开式.

2.求$(2a+3b)^6$的展开式的第3项.

3.求$(x^3+2x)^7$的展开式的第4项的二项式系数,并求第4项的系数.

4.化简$(1+x)^5+(1-x)^5$.

5.求$(x-\frac{1}{x})^{10}$的二项展开式的常数项.

6.求下列各数的近似值.(精确到0.001)

(1) $(1.003)^5$； (2) $(0.9998)^8$.

7.求$(x+2y)^9$的展开式中二项式系数最大的项.

8.求$(1-x)^{13}$的展开式中的含x的奇次项系数的和.

9.求$C_{11}^1+C_{11}^3+\cdots+C_{11}^{11}$的值.

复 习 题 五

1.判断题.

(1) a、b是两个不同的元素,则ab与ba是不同的排列. (　　)

(2) a、b是两个不同的元素,则ab与ba是不同的组合. (　　)

(3) 8个人站成两排,每排4人,不同的站法有P_8^8种. (　　)

(4) 8个人分成两组,每组4人,不同的分法有C_8^2种. (　　)

(5) 将5封信投到3个邮筒内,共有3^5种不同的投法. (　　)

(6) 5名学生争夺3个项目的冠军,共有3^5种不同的结果. (　　)

(7) 箱子中装了5只大小不同的蓝色球、7只大小不同的红色球,现从箱中任取1只球,共有12种不同的取法. (　　)

(8) 从12名男团员、5名女团员中，选出3人参加团代会,恰有1名女团员当选的选法有$5C_{12}^2$种. (　　)

(9) $\left(a^3+\frac{1}{a^3}\right)^{18}$的展开式中,不含$a$的项是第9项. (　　)

(10) $(a^2+b^2)^{2n}$的展开式中共有$2n$项. (　　)

2.填空题.

(1) 代数式$(a_1+a_2+a_3)(b_1+b_2+b_3+b_4)$展开后,共有________项；

(2) 安排6名歌手的演出顺序时,要求某名歌手不是第1个出场,也不是最后一个出场,不同的排法种数是________；

(3) 有3本不同的书,5人去借,每人借1本,每次都把书借完,有________种不同的借法；

(4) 一名学生可从本年级开设的7门选修课中任选3门,从6种课外活动小组中任选2种,不同选法的种数是________；

(5) 如果有20名代表出席一次会议,每位代表都与其他代表握1次手,那么一共握手________次；

(6) 用1、2、3、4、5、6组成没有重复数字的5位数,其中有偶数________个；

(7) 一个集合由7个元素组成,则这个集合有________个含有4个元素的子集；

(8) 若$(x+y)^n$的展开式中,第 5 项的系数与第 8 项的系数相等,则 $n=$________;

(9) $(1+x)^{14}$的展开式中,第________项系数最大,它的值为________;

(10) $(1-\sqrt{x})^{13}$的展开式共有________项,其中 x^2 的系数为________.

3. 选择题.

(1) 从 10 名学生中选出 3 名代表,共有(　　)种选法.

A. P_{10}^3; B. C_{10}^3; C. $3P_{10}^3$; D. $3C_{10}^3$.

(2) 若 x、y 分别在 0、1、2、…、10 中取值,则点 $P(x,y)$在第一象限内点的个数是(　　).

A. 100; B. 99; C. 121; D. 81.

(3) 某班 4 个小组分别从 3 处风景中选出 1 处旅游,不同的选择方案共有(　　)种.

A. C_4^3; B. P_4^3; C. 3^4; D. 4^3.

(4) 某乒乓球队有 9 名队员,其中 2 名是种子选手,现要挑选 5 名队员参加比赛,种子选手必须都在内,那么不同的选法有(　　)种.

A. 35; B. 21; C. 84; D. 126.

(5) 某时装店有 6 种不同花色的上衣和 4 种不同花色的裙子,某人要买上衣和裙子各两件,那么她选择的方法共有(　　)种.

A. 40; B. 60; C. 80; D. 90.

(6) 现有 4 本不同的小说,6 本不同的诗歌,3 本不同的散文,如果某学生要借两本书,有(　　)种不同的借法.

A. 156; B. 78; C. 26; D. 13.

(7) 参加小组唱的 6 个男生和 4 个女生站成一排,要求女生站在一起,有(　　)种不同的站法.

A. 10!; B. 4!×6; C. 4×7!; D. 4!×7!.

(8) $\left(8a+\frac{b}{9}\right)^{12}$的展开式中,二项式系数最大的项是(　　).

A. 第 5 项和第 6 项; B. 第 6 项;

C. 第 7 项; D. 第 6 项和第 7 项.

(9) 由 4 个元素组成的集合共有(　　)个真子集.

A. 8; B. 15; C. 16; D. 63.

(10) $\left(2\sqrt{x}-\frac{1}{\sqrt{x}}\right)^6$ 的展开式中的常数项是(　　).

A. -160; B. 200; C. 160; D. -200.

4. 有 6 本不同的科普读物,送给 5 名同学,

(1) 每人 1 本,有多少种分配方法?

(2) 每人至少 1 本,有多少种不同的送书方法?

5. 6 名学生和两位教师站成一排合影,教师站在中间的站法有多少种?

6. 甲、乙、丙 3 人值周,从周一至周六,每人值 2 天,但甲不值周一,问可以排出多少种不同的值周表?

7. (1) 由数字 1、2、3、4、5、6、7 可以组成多少个没有重复数字的 6 位数?

(2) 由数字 0、1、2、3、4、5、6 可以组成多少个没有重复数字的 6 位数?

8. 2002年世界杯亚洲区预选赛B组有中国、卡塔尔、阿联酋、乌兹别克斯坦、阿曼5支球队，每队与其余4队都要进行主、客场两场比赛，共需比赛多少场？请排出所有比赛的对阵表.

9. 我国使用的明码电报号码是由0到9的10个整数中取4个数（允许重复）代表1个汉字，一共可以表示多少个不同的汉字？

10. 在7位候选人中，

(1) 如果选举班委5人，共有多少种选法？

(2) 如果选举正、副班长各1人，共有多少种选法？

11. 一个小组有男生5人，女生4人，现推选男、女生各2人，

(1) 组成环保宣传小组，有多少种选法？

(2) 参加4项技能竞赛，有多少种选法？

12. 用5面不同颜色的小旗升上旗杆，以作出信号，总共可作出多少种不同的信号（作信号时，可以只用1面小旗，也可以用多面小旗）？

13. 在产品检验时，常从产品中抽出一部分进行检查. 现有100件产品，其中有2件次品，其余都是合格品. 现在从100件产品中抽出3件进行检查：

(1) 一共有多少种不同的抽法？

(2) 抽出的3件中恰好有1件次品的抽法有多少种？

(3) 抽出的3件中最多有1件次品的抽法有多少种？

(4) 抽出的3件中至少有1件次品的抽法有多少种？

14. 有6本不同的书，分给甲、乙、丙3个同学. 满足下面条件的分法各有多少种？

(1) 每人各得两本；

(2) 甲得1本，乙得两本，丙得3本；

(3) 一人得1本，一人得两本，一人得3本；

(4) 一人得4本，另两人各得1本.

15. 某班有5篇获奖征文，现要从中选1篇或几篇编入学习园地，共有多少种不同的选法？

16. 展开下列各式：

(1) $(\sqrt{a}+b)^6$；　　(2) $\left(\sqrt{x}-\dfrac{1}{\sqrt{x}}\right)^6$.

17. 求$\left(2x^3-\dfrac{1}{2x^2}\right)^{10}$的展开式中的常数项.

18. 已知$(1+x)^n$的展开式中第4项与第8项的二项式系数相等，求这两项的二项式系数.

19. n个元素组成的集合$\{a_1, a_2, \cdots, a_n\}$有多少个子集？

20. 已知$\left(\sqrt[3]{x^2}+\dfrac{1}{x}\right)^n$的展开式中的第3项含有$x^2$，求$n$.

【数学史典故 5】

南宋时期杰出的数学家和教育家——杨辉

杨辉，字谦光，钱塘(今杭州)人，中国古代数学家和数学教育家，生平履历不详. 由现存文献可推知，杨辉担任过南宋地方行政官员，为政清廉，足迹遍及苏杭一带，他是世界上第一个排出丰富的纵横图和讨论其构成规律的数学家.

杨辉

杨辉一生留下了大量的著述，它们是：《详解九章算法》12 卷(1261 年)，《日用算法》2 卷(1262 年)，《乘除通变本末》3 卷(1274 年，第 3 卷与他人合编)，《田亩比类乘除捷法》2 卷(1275 年)，《续古摘奇算法》2 卷(1275 年，与他人合编)，其中后三种为杨辉后期所著，一般称之为《杨辉算法》. 他署名的数学书共五种二十一卷.

杨辉的数学成就，主要表现在以下几个方面：

1. 垛积术. 杨辉的垛积术，是在沈括隙积术的基础上发展起来的，置于《详解九章算法》的商功章. 他研究了垛积与各类多面体体积的联系，由多面体体积公式导出相应的垛积术公式.

2. 简便算法与素数. 杨辉致力于简便算法的研究，并取得一些成就. 由于简便算法的需要，杨辉还研究了一个整数是合数还是素数的问题.

3. 纵横图. 纵横图是按一定规律排列的数表，也称幻方. 一般是 n 行 n 列，各行各列的数字之和相等，纵横图有几行，就称为几阶. 杨辉孜孜不倦地探索纵横图的构成规律，他所著的《续古摘奇算法》上卷的大量纵横图表明，这种图形是有规律可循的.

4. 几何学中求面积的出入相补原理. 这种思想在刘徽《海岛算经》及赵爽“日高术”中已反映出来. 但首次表达成定理形式的是杨辉. 该定理在平面几何中有广泛的应用.

5. 因法推类. 在《详解九章算法》的《纂类》中，杨辉提出“因法推类”的原则. 杨辉则突破了《九章算术》的分类格局，按算法的不同，将书中所有题目分为乘除、互换、合率、分率、衰分、叠积、盈不足、方程、勾股九类. 每一大类中，由总的算法演绎出不同的具体方法，并给出相应的习题.

另一方面，杨辉也十分重视数学普及工作，他的数学书一般都是由浅入深的.《详解九章算法》便是为普及《九章算术》中的数学知识而作. 他从原书 246 题中选择了 80 道有代表性的题目，进行详解. 书中还附上了很多插图，不仅有数学图，还有写生图，如“勾股章”的葭出水图、圆材埋壁图、方邑图等，都很精美，这些图在帮助读者理解题意的同时，也有利于引起读者的兴趣. 为普及日常所用的数学知识，杨辉专门写了《日用算法》一书，并提出“用法必载源流”和“命题须责实有”两条原则. 书中的题目全部取自社会生活，多为简单的商业问题，也有土地丈量、建筑和手工业问题. 这种应用数学是便于普通读者接受，也便于发挥社会效益的. 杨辉还总结了自己多年的经验，写了一份相当完整的教学计划——“习算纲目”(《算法通变本末》)，具体给出各部分知识的学习方法、时间及参考书. 他主张循序渐进，精讲多练，特别强调要明算理，要“讨论用法之源”，它集中体现了杨辉的数学教育思想和方法.

(摘自《中学数学专业网》)

习题部分参考答案

第一章

习题 1-1

3. (1) $A\in\alpha$， $B\in\alpha$， $C\in\alpha$； (2) $C\in AB$； (3) $l\subset\alpha$， $m\subset\alpha$， $l\cap m=A$.

习题 1-2

1. 与 AA_1 异面的直线有 BC、DC、B_1C_1、B_1D_1 和 BD_1；与 BD_1 异面的直线有 AD、DC、A_1B_1、B_1C_1、AA_1 和 CC_1.
3. (1) 90°； (2) 45°； (3) 60°.
4. $50^\circ23'$

习题 1-3

1. (1) ×； (2) √； (3) ×； (4) ×； (5) √； (6) ×； (7) ×； (8)√.
2. (1) ① BCC_1B_1，CDD_1C_1； ② $ABCD$，$A_1B_1C_1D_1$；

   (2) $0\leqslant\alpha\leqslant\frac{\pi}{2}$；

   (3) 垂直；

   (4) 三；直线在平面内，平行，相交.
3. (1) 90°； (2) 8.6 cm.
4. 20 cm.
5. $AE=BE=CE=13$ cm.
6. $BD=9.2$ cm，$CD=11.3$ cm，$AB=4.6$ cm，$AC=8$ cm.
7. a.
8. (1) $\sqrt{5}$ cm，2 cm； (2) $26^\circ34'$.
9. 12 cm，$12\sqrt{2}$ cm.

习题 1-4

2. (1) ×； (2) ×； (3) √； (4) √； (5) ×.
3. (1) 平行，相交； (2) 平面角，平面角的顶点在二面角的棱上的位置.
4. 4 dm，8 dm；$\sqrt{15}$ dm.
5. $\frac{4}{3}\sqrt{3}$m.
6. 41 cm.
7. $83\frac{1}{3}$ cm^2.
8. $5\sqrt{2}$ cm.
9. 21m.

习 题 1-5

1. (1) √； (2) ×； (3) ×； (4) ×； (5) √； (6) √； (7) √； (8) ×； (9) ×.

2. (1) 五个，五，四；

   (2) 互相平行；

   (3) $\frac{1}{3}h(S_1+S_2+\sqrt{S_1S_2})$，其中 S_1、S_2 为棱台上、下底的面积，h 为棱台的高；

   (4) $\sqrt{3}a$.

3. $800\,\text{cm}^2$.

4. $5\,\text{cm}$.

5. $100\,\text{cm}^2$.

6. $120\,\text{cm}^3$.

7. (1) $\sqrt{H^2+\frac{1}{3}a^2}$，$\sqrt{H^2+\frac{1}{12}a^2}$；

   (2) $\sqrt{H^2+\frac{1}{2}a^2}$，$\frac{1}{2}\sqrt{4H^2+a^2}$；

   (3) $\sqrt{H^2+a^2}$，$\frac{1}{2}\sqrt{4H^2+3a^2}$.

8. $\sqrt{3}a$，$\frac{1}{2}\sqrt{15}a$，arctan2.

9. $51.6\,\text{cm}^2$，$18.7\,\text{cm}^3$.

10. $\frac{16\,000}{3}\sqrt{3}\,\text{cm}^3$.

11. $288\,\text{cm}^2$.

12. $5\sqrt{13}\,\text{cm}$，$19\,\text{cm}$.

13. $\frac{20}{3}\sqrt{3}\,\text{cm}$，$\frac{10}{3}\sqrt{3}\,\text{cm}$.

14. $237.3\,\text{cm}^2$.

15. R^2.

16. $24\,\text{cm}^2$.

17. $\frac{\sqrt{3}}{4}\pi R$.

复 习 题 一

1. (1) ×； (2) √； (3) ×； (4) ×； (5) ×； (6) ×； (7) √； (8) ×； (9) ×； (10) √；
   (11) √； (12) ×； (13) √； (14) √； (15) ×； (16) √.

2. (1) $\arccos\frac{\sqrt{3}}{3}$； (2) $\sqrt{a^2+b^2}$； (3) $\frac{l^2}{\pi}$； (4) $\frac{\sqrt{2}}{12}a^3$； (5) $60°$；a，$2a$.

3. $4\sqrt{3}\,\text{cm}$.

4. $\frac{a^3}{4\pi}$.

5. $\frac{r'^2+r^2}{r'+r}$.

6. $\frac{\sqrt{3}}{6}a^3$.

7. $1.835\,\text{km}$.

第二章

习题 2-1

1. (1) $4\sqrt{5}$； (2) $\frac{\sqrt{10}}{2}$； (3) $|a|(b^2+c^2)$.

2. (1) $a=\pm 8$； (2) $P(0,-3)$或$P(0,-9)$； (3) $(9,0)$.

3. (1) $(5,3)$； (2) $\left(-\frac{1}{2},4\right)$； (3) $(1,3)$.

4. $x=4, y=-2$.

5. $|AD|=\frac{\sqrt{53}}{2}, |BE|=\frac{\sqrt{41}}{2}, |CF|=\sqrt{2}$.

6. (1) 略； (2) $\left(\frac{3}{2},0\right),(0,3)$.

8. (1) $k=-1, \theta=135°$； (2) $k=-\sqrt{3}, \theta=120°$.
   (3) $k=1, \theta=45°$； (4) k不存在，$\theta=90°$.

9. (1) $m=-2$； (2) $\frac{3}{4}(\sqrt{3}-1)$.

10. $-\frac{4}{3}$.

11. (1) 不在同一直线上； (2) 在同一直线上.

12. $m=\frac{1}{2}$.

习题 2-2

1. (1) $y-5=4(x-2)$； (2) $y+1=\sqrt{2}(x-3)$；
   (3) $y-2=\frac{\sqrt{3}}{3}(x+\sqrt{2})$； (4) $y-3=0(x-0)$；
   (5) $y+2=-\sqrt{3}(x-4)$.

2. (1) $3x+2y-6=0$； (2) $6x-5y+30=0$.

3. (1) $y=2, y-2=0$； (2) $y+2=-\frac{1}{2}(x-8), x+2y-4=0$；
   (3) $\frac{x}{\frac{3}{2}}+\frac{y}{-3}=1, 2x-y-3=0$； (4) $\frac{y+2}{-4+2}=\frac{x-3}{5-3}, x+y-1=0$；
   (5) $x=-2, x+2=0$； (6) $y=2, y-2=0$.

4. (1) $m=-1$ ($m=1$舍去)；
   (2) $m=-\frac{1}{2}$或2；
   (3) $m=-\frac{3}{2}$ ($m=1$舍去).

5. $x_2=4, y_3=-3$.

6. $4x-3y+6=0$或$4x+3y-6=0$.

7. $x+y-5=0$.

8. (1) $k_{AB}=\frac{5}{2}, k_{BC}=\frac{1}{5}, k_{AC}=-\frac{4}{3}$；68°12′，11°19′，126°52′.
   (2) $5x-2y+8=0, x-5y-3=0, 4x+3y-12=0$.
   (3) $3x+8y-9=0$.

9. $Q=-\frac{2}{5}t+20$.

10. $3x-4y+12=0$, $3x+4y-12=0$, $3x+4y+12=0$, $3x-4y-12=0$.

习 题 2-3

1. (1) 平行； (2) 平行； (3) 垂直； (4) 垂直； (5) 不平行，不垂直.
2. (1) $2x+3y+10=0$； (2) $7x-2y-20=0$；
   (3) $x-2y=0$.
4. $6x-5y-1=0$.
5. $3x+2y-12=0$.
6. (1) $2x+3y-2=0$； (2) $4x-3y-6=0$；
   (3) $x+2y-11=0$.
7. $a=-1$.
8. 当供应数量和需求数量都是 4 万件时，市场达到供需平衡，此时每万件商品价格为 17 万元.

习 题 2-4

1. 5,3.
2. (1) $d=\frac{9}{5}$； (2) $d=0$； (3) $d=0$；
   (4) $d=2\sqrt{13}$； (5) $d=\frac{2}{5}$.
3. 3.
4. (1) $d=2\sqrt{13}$； (2) $d=2$.
5. $x+3y+7=0$; $3x-y-3=0$; $3x-y+9=0$.

复 习 题 二

1. (1) √； (2) √； (3) ×； (4) √； (5) ×；
   (6) ×； (7) . ×
2. (1) (A)； (2) (D)； (3) (A)； (4) (D)； (5) (B)；
   (6) (A)； (7) (D)； (8) (C).
3. (1) $\sqrt{34}$；
   (2) $(-4,-1)$；
   (3) $3x+4y+12=0$, $3x+4y-12=0$, $3x-4y+12=0$, $3x-4y-12=0$；
   (4) 5；
   (5) $-\frac{1}{2}$, $153°26'$, $x+2y+2=0$；
   (6) $\sqrt{3}x+y+2=0$；
   (7) $m\neq-7$ 与 $m\neq-1$ 时相交，$m=-1$ 时平行，$m=-7$ 时重合；
   (8) $a=\frac{1\pm\sqrt{2}}{2}$；
   (9) $a=10$, $c=-12$, $m=-2$；
   (10) $4x-3y-6=0$；
   (11) $2x+7y-21=0$, $\frac{34}{53}\sqrt{53}$；

(12) (7,3)或(−3,3)；

(13) $x-y-6=0$ 或 $x-y+2=0$.

4. (−2,−2)或$\left(\frac{14}{5},\frac{2}{5}\right)$.

5. (0,1)或(2,3).

6. (−1,−5).

7. (1) $m\neq-1$ 且 $m\neq3$；

(2) 当 $m=-1$；

(3) 当 $m=3$.

8. $L-20=1.5(F-4)$.

第三章

习题 3-1

1. (1) 在；　(2) 不在.

2. $a^2+b^2=r^2$.

3. (1) $y-3=0, y+9=0$；　(2) $x^2+y^2=9$；

(3) $(x-1)^2+(y-2)^2=25$；　(4) $x-y+2=0$.

4. $x-4=0$.

5. $5x^2+9y^2-180=0$.

6. $x^2+y^2-8x-10=0$；$x^2+y^2-6x-10y+8=0$.

7. $x^2+y^2=a^2$.

8. $16x^2-8xy+y^2+6x+24y-9=0$.

9. $y=x^2$(点(2,4)、(−2,4)除外).

10. 取两定点坐标为(−3,0)、(3,0)，方程为 $x^2+y^2=4$.

习题 3-2

1. $(x-8)^2+(y+3)^2=25$.

2. $x^2+y^2-4x+4y+4=0, x^2+y^2-20x+20y+100=0$.

3. $(x-2)^2+y^2=10$.

4. (1) (−1,2)，$r=3$；　(2) $\left(0,\ \frac{3}{4}\right)$，$r=\frac{5}{4}$.

5. $5x^2+5y^2+9y-80=0, 5x^2+5y^2-9y-80=0$.

6. $x+y-1=0, x+y-9=0$.

7. $2x-y+5=0, 2x+y-5=0$.

8. $\left(x-\frac{1}{2}\right)^2+(y+1)^2=\frac{1}{4}, \left(x-\frac{1}{2}\right)^2+\left(y+\frac{9}{4}\right)^2=\frac{1}{4}$.

9. 当 $-2<b<2$ 时，相交；$b=\pm2$ 时，相切；$b<-2$ 或 $b>2$ 时，相离.

10. $x^2+(y+20.7)^2=27.9^2$　$(0\leqslant y\leqslant7.2)$.

11. 1.58m.

12. (−1.72,20.93).

习题 3-3

1. (1) 8，$4\sqrt{2}$，$(0,\pm2\sqrt{2})$；

(2) 8，$\frac{x^2}{16}+\frac{y^2}{25}=1$；

(3) 4，3，$\sqrt{7}$，$(\pm\sqrt{7},0)$.

2. (1) 长轴长为10，短轴长为6，顶点坐标为$(\pm5,0)$，$(0,\pm3)$，焦点坐标为$(\pm4,0)$；

(2) 长轴长为2，短轴长为$\sqrt{2}$，顶点坐标为$(0,\pm1)$，$\left(\pm\frac{\sqrt{2}}{2},0\right)$，焦点坐标为$\left(0,\pm\frac{\sqrt{2}}{2}\right)$.

3. $\frac{x^2}{16}+\frac{y^2}{12}=1$.

4. $\frac{x^2}{9}+\frac{y^2}{25}=1$.

5. $\frac{x^2}{36}+\frac{y^2}{40}=1$.

6. $\frac{x^2}{100}+\frac{y^2}{25}=1$.

7. $x-4y+4=0$.

8. $x^2+y^2-6x-16=0$.

9. $\frac{x^2}{\frac{81}{4}}+\frac{y^2}{18}=1$.

10. $\frac{x^2}{100}+\frac{y^2}{64}=1$.

11. $\frac{x^2}{9}+\frac{y^2}{25}=1$.

12. $\frac{x^2}{9}+y^2=1$；$\frac{x^2}{9}+\frac{y^2}{81}=1$.

13. $\frac{x^2}{36}+\frac{y^2}{27}=1$.

14. 最大距离为1.528×10^8 km；最小距离为1.4712×10^8 km.

习 题 3-4

1. (1) $\frac{x^2}{9}-\frac{y^2}{16}=1$或$\frac{y^2}{9}-\frac{x^2}{16}=1$； (2) $\frac{x^2}{20}-\frac{y^2}{16}=1$；

(3) $\frac{x^2}{9}-\frac{y^2}{7}=1$； (4) $\frac{x^2}{4}-\frac{y^2}{4}=1$.

2. (1) $2a=4$，$2b=10$，$A(\pm2,0)$，$F(\pm29,0)$，$e=\frac{\sqrt{29}}{2}$，$y=\pm\frac{5}{2}x$.

(2) $2a=2$，$2b=\sqrt{2}$，$A(\pm1,0)$，$F\left(\pm\frac{\sqrt{6}}{2},0\right)$，$e=\frac{\sqrt{6}}{2}$，$y=\pm\frac{\sqrt{2}}{2}x$.

(3) $2a=6$，$2b=4$，$A(0,\pm3)$，$F(0,\pm\sqrt{13})$，$e=\frac{\sqrt{13}}{3}$，$y=\pm\frac{3}{2}x$.

3. $x^2-y^2=8$.

4. $\frac{x^2}{12}-\frac{y^2}{36}=1$或$\frac{y^2}{12}-\frac{x^2}{36}=1$.

5. $\frac{x^2}{\frac{50}{17}}-\frac{y^2}{\frac{18}{17}}=1$.

6. $\frac{x^2}{4}-\frac{y^2}{\frac{9}{4}}=1$.

7.（1）表示焦点在 x 轴上的椭圆；（2）表示焦点在 x 轴上的双曲线.

8. $\frac{x^2}{144}-\frac{y^2}{625}=1$.

习 题 3-5

2.（1）$y^2=-8x$；（2）$y^2=-\frac{3}{2}x$；

（3）$y^2=-12x$；（4）$x^2=-2y$.

3. (0,0)和(8,8).

4. (9,6)或(9,−6).

5. $y^2=8x$，(2,0).

6. $2p$.

7. $y^2=12x$.

*习 题 3-6

1.（1）$y'=2$；（2）$3x'-4y'+3=0$；

（3）$x^2+y^2=16$；（4）$x'^2=12y'$；

（5）$\frac{x'^2}{9}+\frac{y'^2}{4}=1$；（6）$y'^2-4x'^2=28$.

2.（1）$x'^2+y'^2=16$；（2）$\frac{x'^2}{4}+\frac{y'^2}{9}=1$；

（3）$y'^2=8x'$；（4）$\frac{x'^2}{4}-\frac{y'^2}{16}=1$.

3.（1）$\frac{x'^2}{9}+\frac{y'^2}{4}=1$；（2）$\frac{x'^2}{4}-\frac{y'^2}{9}=1$；

（3）$x'^2=16y'$.

4.（1）$4x^2+9y^2+16x-18y-11=0$；

（2）$4x^2-5y^2-16x-10y+31=0$；

（3）$x^2-4x-6y-11=0$.

*习 题 3-7

1. A. $\left(\frac{\sqrt{2}}{2},\frac{\sqrt{2}}{2}\right)$；B. $(\sqrt{3},-1)$；C. $\left(-\frac{3\sqrt{2}}{2},\frac{3\sqrt{2}}{2}\right)$；D. (4,0).

2. A. $\left(2,\frac{\pi}{3}\right)$；B. $\left(\sqrt{6},\frac{3\pi}{4}\right)$；C. $\left(2,-\frac{\pi}{6}\right)$；D. 0 $\left(2,\frac{4\pi}{3}\right)$.

3.（1）$x-a=0$；（2）$y^2+8x-16=0$；

（3）$xy=a^2$；（4）$x^2+y^2-5y=0$.

4.（1）$\rho\cos\theta=5$；（2）$\rho\cos\theta+4=0$；

（3）$\rho(2\cos\theta-5\sin\theta)=0$；（4）$\rho=25\cos\theta$；

（5）$\rho=a^2(\cos\theta-\sin\theta)$；（6）$\rho^2\cos2\theta=a^2$.

5. $\rho=\frac{3\sqrt{3}}{2}\csc\theta$.

6. $\rho=2\sqrt{2}\csc\left(\frac{\pi}{4}-\theta\right)$.

7. $\rho=-10\sin\theta$.

8.（1）$3x+y-8=0$；（2）$(x-5)^2+(y+5)^2=1$；

(3) $\frac{x^2}{2}+\frac{y^2}{9}=1$；

(4) $y^2+x-1=0\ (0\leqslant x\leqslant 1)$；

(5) $\frac{(x-2)^2}{9}+\frac{y^2}{25}=1$；

(6) $\frac{x^2}{a^3}-\frac{y^2}{b^2}=1$.

9. (1) $\begin{cases}x=2\cos\theta\\ y=4\sin\theta\end{cases}$；

(2) $\begin{cases}x=a\tan\theta\\ y=a\cot\theta\end{cases}$；

(3) $\begin{cases}x=a\sin^3\theta\\ y=a\cot^3\theta\end{cases}$.

10. 8.

12. $(2,-2),(-2,2)$.

13. $\begin{cases}x=v_0t\\ y=h-\frac{1}{2}gt^2\end{cases}$，$t=\sqrt{\frac{2h}{g}}$时落地.

14. $\begin{cases}x=10\sqrt{2}t\\ y=10\sqrt{2}t-\frac{1}{2}gt^2\end{cases}$，投掷距离为$\frac{400}{g}$m.

复习题三

1. (1) ×； (2) √； (3) √； (4) ×； (5) ×； (6) ×； (7) √； (8) ×； (9) ×； (10) ×.

2. (1) $(x-1)^2+(y-1)^2=25$；

(2) 6；

(3) $\pm 3\sqrt{5}$；

(4) 24；

(5) $x+y=0,x^2-y^2=8$；

(6) 向上，$\left(0,\frac{5}{8}\right)$，$y=-\frac{5}{8}$；

(7) $(-2,1)$，$\frac{x'^2}{9}+\frac{y'^2}{4}=1$；

(8) $(2,-3)$，$y'^2=12x'$；

(9) $(x-1)^2+(y-2)^2=5$；

(10) 6.

3. (1) (D)； (2) (C)； (3) (B)； (4) (D)； (5) (A)；
(6) (A)； (7) (A)； (8) (B)； (9) (C).

4. $(x-1)^2+(y+2)^2=2$.

5. $2x^2+2y^2-21x+8y+60=0$.

6. $7x^2+16y^2=112,16x^2+7y^2=112$.

7. 2,32.

8. $y^2=4x$.

9. $\frac{x^2}{16}-\frac{y^2}{9}=1$.

10. $y^2=-12x$.

11. $m<9$时，是椭圆；$9<m<25$时，是双曲线.

12. $\frac{y^2}{1500^2}-\frac{x^2}{2000^2}$.

第四章

习题 4-1

1. (1) 20,42;　(2) $\frac{5}{13},\frac{7}{25}$;
   (3) $-\frac{1}{125},-\frac{1}{343}$;　(4) 27,121.
2. (1) 8,64,$a_n=2^n$;　(2) 1,36,$a_n=n^2$;
   (3) $-\frac{1}{3},-\frac{1}{7},a_n=(-1)^n\times\frac{1}{n}$;　(4) $\sqrt{3},\sqrt{6},a_n=\sqrt{n}$.
3. (1) 摆动数列,$a_n=(-1)^{n+1}n,-10$;　(2) 常数列,$a_n=-1,-1$;
   (3) 递减数列,$a_n=\frac{1}{n^2},\frac{1}{100}$;　(4) 递增数列,$a_n=\sqrt{n},\sqrt{10}$;
   (5) 递减数列,$a_n=\frac{1}{n}-\frac{1}{n+1},\frac{1}{110}$;
   (6) 摆动数列,$a_n=(-1)^{n+1}\frac{2n-1}{2n},-\frac{19}{20}$;
   (7) 摆动数列,$a_n=1+(-1)^{n+1},0$.

习题 4-2

1. (1) 15,39;　(2) -28.
2. (1) 9,3;　(2) 5,-2.
3. (1) 10;　(2) 3;　(3) 29;　(4) 10.
4. (1) 784.5;　(2) 90.
5. (1) 14.6;　(2) 0.
6. (1) 500;　(2) 2550;　(3) 604.5.
7. (1) $\frac{(1+n)n}{2}$;　(2) n^2.
8. 14;735.
9. 0.
10. (1) $S_n=\frac{n(3n-1)}{2}$;(2) 8,18,28,$a_n=10n-2$.
11. 2,5,8,11 或 11,8,5,2.
12. 11,15,19,23,27,31.
13. 40 cm,47 cm,54 cm,61 cm,68 cm,75 cm,82 cm,89 cm,96 cm,103 cm.
14. 570.

习题 4-3

1. (1) -3,405;　(2) 3,162;　(3) $\frac{3}{4},\frac{27}{128}$;　(4) $\frac{\sqrt{2}}{2},\frac{\sqrt{2}}{4}$.
2. (1) -2^n 或 $(-2)^n$;　(2) $5\times\left(-\frac{3}{2}\right)^{n-1}$.
3. (1) 2916;　(2) 5,40.
4. (1) 3;　(2) 9.
5. (1) ±60;　(2) 3.
6. (1) -729;　(2) 27,$\frac{2}{3}$或$-27,-\frac{2}{3}$;

(3) 9;　　(4) 4 或 -4.

7. (1) 189;　(2) 8.25;　(3) $15\frac{1}{2}$;　(4) $-\frac{91}{45}$.

8. (1) 1008;　(2) $\frac{93}{128}$.

9. 1,2,1023.

10. (1) -4,76.5;　(2) $2,\frac{1}{8}$;　(3) 3,18 或 -4,32;　(4) $6,-\frac{1}{2}$或$\frac{3}{2}$,1.

11. $\frac{81}{26},\frac{1}{3}$.

12. 27,81.

13. (1) $2^{n+1}-2-\frac{n(n+1)}{2}$;　(2) $n(n+1)-\frac{3}{4}(1-5^{-n})$.

14. 2,4,8 或 8,4,2.

15. 202 万元,843 万元.

复 习 题 四

1. (1) ×;　(2) √;　(3) √;　(4) ×;　(5) √;
   (6) ×;　(7) √;　(8) ×;　(9) √;　(10) √.

2. (1) -2;　(2) $15\cdot\left(-\frac{1}{3}\right)^{n-1}$;　(3) $\frac{1}{6}$,4;
   (4) 49,$6n+1$;　(5) 4;　(6) $a_n=4n-2$;
   (7) $-\frac{18}{51}$;　(8) 2;　(9) $\pm\sqrt{37}$.

3. (1) C; (2) A; (3) B; (4) A; (5) B; (6) A; (7) B;
   (8) C; (9) A; (10) C.

4. (1) $a_n=1+(-1)^{n+1}\frac{2n-1}{(2n)^2}$;　(2) $a_n=\frac{\sqrt{2}}{2}[1+(-1)^n]$.

5. (1) 110,992,2352;　(2) 20.

6. 1,3,99.

7. (1) 900,494 550;　(2) 128,70 336;　(3) 1645.

8. n^2.

9. (1) 0;　(2) -110.

10. 3,5,7 或 15,5,-5.

11. 1,2,4,6.

12. 4,6.

13. 6,2.

14. $a_1+12d+b_1q^{12}$.

16. 63 000.

17. 4.

18. 2℃,-11℃,-37℃.

19. 330 分钟,5550 分钟.

20. 33%.

21. (1) 2048 cm^2;　(2) 4092 cm^2.

22. 390 mmHg.

第五章

习题 5-1

1. 9.
2. 24.
3. 625.
4. 8.
5. 14.
6. (1) 9；　　(2) 20.

习题 5-2

2. (1) 20；　　(2) 720；　　(3) 1568；　　(4) 3.
4. 117 600.
5. 40 320.
6. 120；24.
7. 5040.
8. 10^6.
9. 900.
10. 625.

习题 5-3

3. (1) 56；　　(2) 4950；　　(3) 84；　　(4) 60.
4. 66.
5. 45.
6. 28.

习题 5-4

1. (1) 4950；　　(2) 1225；　　(3) 0；
   (4) 455；　　(5) 0；　　(6) 1140.
2. 7.
3. (1) 19 600；　　(2) 460 600；　　(3) 480 200.
4. 100.
5. 240.
6. 9^6.
7. 8.
8. 32.
9. 7200.

习题 5-5

2. $2160a^4b^2$.
3. 35，280.
4. $2+20x^2+10x^4$.
5. -252.

6. (1) 1.015; (2) 0.998 .

7. 第 5 项是 $2016x^5y^4$,第 6 项是 $4032x^4y^5$.

8. -4096.

9. 1024.

复习题五

1. (1) √; (2) ×; (3) √; (4) ×; (5) √;
(6) ×; (7) √; (8) √; (9) ×; (10) ×.

2. (1) 12; (2) 480; (3) 60; (4) 525; (5) 190;
(6) 360; (7) 35; (8) 11; (9) 8, 3432;
(10) 14, 715.

3. (1) B; (2) A; (3) C; (4) A;
(5) D; (6) B; (7) D; (8) C;
(9) B; (10) A.

4. (1) 720; (2) 2520.

5. 1440.

6. 60.

7. (1) 5040; (2) 4320.

8. 20.

9. 10^4.

10. (1) 2520; (2) 42.

11. (1) 60; (2) 1440.

12. 325.

13. (1) 161 700; (2) 9506; (3) 161 602; (4) 9604.

14. (1) 90; (2) 60; (3) 360; (4) 90.

15. 31.

17. 52.5.

18. 10.

19. 2^n.

20. 8.